Uwe Hallenga

Wind: Strom
für Haus und Hof

Bauanleitung mit
Konstruktionszeichnungen

Staufen bei Freiburg i.Br.

Wichtiger Hinweis

Ausdrücklich sei hier angemerkt, dass die Hinweise und Bauanleitungen in diesem Buch für so komplexe Anlagen wie Windgeneratoren trotz aller Sorgfalt möglicherweise nicht frei von Fehlern sind, die sich unter Umständen erst beim Anwender herausstellen.

Deshalb möchte der Verfasser nicht falsch verstanden werden, wenn er trotz aller Sorgfalt bei der Zusammenstellung dieses Buches und der Materialien keine Haftung für Mängel und deren Folgen übernimmt.

Die Angaben und Anregungen beruhen auf den Erfahrungen vieler Jahre. Trotzdem sind viele Einflüsse und Risiken gerade beim Selbstbau nicht vorhersehbar.

Bibliografische Information: Die Deutsche Bibliothek

Die Deutsche Bibliothek verzeichnet diese Publikation in der Deutschen Nationalbibliografie; detaillierte bibliografische Angaben sind im Internet unter http://dnb.ddb.de abrufbar.

ISBN 978-3-936896-12-1

13. Auflage 2012
ISBN der 1. bis 8. Auflage: 3-922964-09-5

© ökobuch Verlag, Staufen bei Freiburg 1990, 2004, 2010
Alle Rechte vorbehalten
Email: oekobuch@t-online.de
http://www.oekobuch.de

Druck: Beltz Druckpartner, Hemsbach

Inhalt

Vorwort 5

1 **Wie alles begann** 6

2 **Der Wind** 11
Entstehung des Windes 11
Leistung des Windes 12

3 **Entwicklung der Windkraftanlagen** 14
3.1 Windanlagen und Modelle 15
3.2 Leistung von Windkraftanlagen 17

4 **Welcher Windrad-Typ?** 19
Batterie- und Akkulader 19
...oder doch Netzeinspeisung? .. 21
Anlagen zur Heizungsunterstützung 22
Zusammenfassung 23

5 **Standortwahl** 24
5.1 Lohnt sich eine Windmessung? . 24
5.2 Standorte 26
Im eigenen Garten 26
Auf und an Gebäuden 27

6 **Masten & Bauformen** 29
Wie hoch sollte ein Mast sein? . 29
Abgespannte Rohrmasten 29
Abgespannte Gittermasten 29
Freistehende Rohr- und Gittermasten 29
Gebrauchte Masten 30
Teleskopmasten 30
Blitzschutz 31

7 **Baurecht in Deutschland** 32
Schall und Schattenwurf 32

8 **Sicherheitsregeln beim Bauen** . 34

9 **Der elektrische Anschluss** 35
9.1 Dimensionierung von Kabeln ... 36
9.2 Wechselrichter 38
9.3 Netzwechselrichter 39
9.4 Batterien 41
9.5 Elektrische Verdrahtung 42
9.6 Schalter und Sicherungen 44
9.7 Verbraucher 45

10 **Rotorblätter** 47

11 **Generatoren** 48

12 **Getriebe** 49

13 **Regelsysteme** 50

14 **Die Selbstbauanlage ELWI 2** ... 52
14.1 Konzeption und Technik 52
14.2 Generatoren 52
14.3 Regler und Winddruckschalter . 53
14.4 Bremse und Sturmsicherung 54
14.5 Kosten 55

15 **Bauanleitung mit Konstruktionszeichnungen** 57
15.1 Der Mast 58
15.2 Der Rotor 63
15.3 Der Rotorkopf 70
15.4 Das Getriebe 72
15.5 Die Windfahne 81
15.6 Montage des Rotorkopfes 81

16 **Der elektrische Anschluss** 84

17 **Die Stückliste** 85

18	Käufliche Kleinwindanlagen ... 87
	Eine kleine Auswahl 88
	Alu-Windrad 88
	Ruthland WG 913 89
	AIR- X 89
	AeroCraft 502 / 752 90
	Inclin 1500 90
	Maja 1000 91

19	Bezugsquellen 92
20	Literaturhinweise und Internetadressen 94

Dankeschön...

An erster Stelle möchte ich Herrn Ulrich Stampa danken für sein Buch „Wind: Strom für das Haus". Gerade dieses Buch hat mich bei meinen Basteleien und Versuchen nachhaltig angeregt und gefördert. Außerdem bedanke ich mich für die freundliche Genehmigung, einen Teil der Zeichnungen (zum Teil mit Änderungen) für dieses Buch zu übernehmen.

Ein herzliches Dankeschön auch an Wolfgang Bredow für seine Ideen und seine Unterstützung bei meinen Windrad-Versuchen und bei der Konzeption der vorliegenden Bauanleitung.

Nicht vergessen möchte ich an dieser Stelle alle diejenigen, die mich immer wieder mit Rat und Tat unterstützt haben: Die Schlosserei Feldkamp in Nordhorn- Brandlecht, Herr Grosser aus Meppen, Herr Flucht aus Schüttorf sowie Hardy und Renate, Sybille, Hille, Dietmar und Achim.

Besonderer Dank gilt meiner Lebensgefährtin Monika Olliges für Ihre Hilfe und Ihre Geduld.

Im Juni 2004   Uwe Hallenga

Vorwort

Es sind über 10 Jahre vergangen, seitdem ich diese Bauanleitung geschrieben habe und die erste Auflage dieses Buches erschienen ist. Im Laufe der Zeit haben mich immer wieder Briefe und Fragen erreicht, die oftmals nicht nur die ursprüngliche Bauanleitung betrafen. Viele Fragen drehten sich vielmehr um das Aufstellen der Anlage, die Suche nach einem sinnvollen Standort im eigenen Garten, Angaben zu den Verbrauchern und zur Netzeinspeisung. Obwohl das „alte" Buch eine reine Bauanleitung für eine kleine Windanlage war, wurde ich in vielen Briefen gefragt, ob ich nicht eine Empfehlung zum Kauf einer kleinen Windkraftanlage geben kann, ob ich Lieferadressen habe und worauf man beim Kauf achten sollte.

Auch wenn ich den ursprünglichen Text nach wie vor gut und hilfreich finde, haben mich die vielen Fragen doch dazu gebracht, das Buch neu zu überarbeiten und einige Details zu ergänzen, die über die ursprüngliche Bauanleitung hinausgehen. Die Bauanleitung selbst ist natürlich erhalten geblieben, wurde jedoch an einzelnen Stellen aktualisiert.

1.1: Klein – aber fein: Windrad mit 1 m ø

1 Wie alles begann

Es ist jetzt schon ein paar Jahre her, als ich begann, mir konkrete Gedanken über die Energiepolitik und ihre Folgen zu machen. Angesichts der vielfältigen Umweltbelastungen durch die konventionelle Energieerzeugung überlegte ich mir, wie und in welcher Form ich selbst vielleicht einen – wenn auch nur sehr bescheidenen – Beitrag zur stärkeren Nutzung regenerativer Energiequellen leisten könnte.

Aufgrund meiner damaligen Wohnlage sah ich zunächst keine Chance, die Windkraft in meine Pläne der Selbstversorgung mit elektrischem Strom einzubeziehen. Ich kaufte mir in mehreren Etappen eine Solarzellenanlage zur Stromerzeugung, mit deren Hilfe ich nach und nach einen großen Teil meines Strombedarfes decken konnte. Leider liefert so eine Solarstromanlage nur am Tage Energie, und zwar umso mehr, je intensiver die Sonneneinstrahlung ist.

Das bedeutete für mich, in den Sommermonaten regelmäßig zu viel des kostbaren Stromes zu haben und im Winterhalbjahr zu wenig. Um dem Engpass im Winter abzuhelfen, entschloss ich mich bald zu einer Erweiterung meiner Stromerzeugungsanlage.

Bei meiner Suche nach einer praktikablen und finanzierbaren Lösung war es am Ende dann doch wohl hauptsächlich der Mangel an Geld, der mich dazu brachte, nicht noch weitere Solarmodule zu kaufen, sondern es trotz widriger Umstände in der Wohngegend mit der Windkraft zu versuchen.

Nun gehörte ich – und gehöre teilweise heute noch – zu den Bastlern, die zwar sehr viel an und mit allem basteln, sich aber nur sehr selten die Mühe machen, dabei irgendwelche Formeln und Berechnungen als Hilfe einzusetzen. Fast alle meine Experimente liefen unter dem Motto: „Versuch und Irrtum – neuer Versuch". Diese Einstellung hat sich im Laufe meiner Versuche, die Windenergie zu nutzen, ziemlich stark geändert.

Da ich noch überhaupt keine Erfahrungen in Sachen Wind hatte, fing ich sehr klein an. Mein erstes Windrad zur Stromerzeugung hatte immerhin einen Rotordurchmesser von 15 cm und lieferte bei ordentlichem Wind fast ein halbes Watt Leistung. Parallel zu meinen ersten Versuchen bekam ich ein Büchlein geschenkt: „Windkraft – ganz einfach" aus der Reihe: „Einfälle statt Abfälle" von Christian Kuhtz. Dieses Heft wurde zu meiner ersten konkreten Bauvorlage für ein Windrad mit 1 m Durchmesser.

Das Bauen dieses Windrades machte mir sehr viel Spaß und ich hatte großes Vergnügen daran, einfach nur zuzusehen, wie sich das Windrad bei kleinsten Windgeschwindigkeiten schon drehte und Strom produzierte.

Es gab aber auch viele Tage, an denen ich um mein kleines Rad bangen musste, weil der Sturm die Mastabspannung aus Nylonseil derartig dehnte, dass das gegenüber montierte Seil bis auf unsere Wäscheleine durchhing. Aber ich fand es immer wieder faszinierend, mit welch einer Kraft die Naturgewalt an meinem kleinen Bauwerk zerrte. Leider wurde dieses Windrad von Jugendlichen aus der Nachbarschaft in einer Neujahrsnacht mit Sylvesterkrachern abgeschossen.

Bei einem seiner Nachfolger mit immerhin schon 1,80 m Durchmesser sorgte der Wind selber dafür, dass ich das Windrad abbauen musste. Das Windrad bestand fast komplett aus Holz, inklusive des Rahmengehäuses, in dem der Generator vor Wind, Wasser und Hagelschlag geschützt wurde. Es hatte eine besondere Art der Sturmsicherung, bei der die Windfahne an einem Gelenk befestigt wird. Diese Technik werde ich in einem späteren Kapitel noch ausführlich beschreiben.

Ich hatte die Kraft und die Ausdauer des Windes erheblich unterschätzt und das Windrad wohl nicht sehr solide gebaut, jedenfalls war nach fast einem Jahr nicht nur das Gelenk total ausgeleiert, der Wind hatte auch schwere Schäden am Rotor angerichtet. Außerdem waren die Kugellager des Rotors schon so ausgeschlagen, dass sie kaum noch als Lager zu bezeichnen waren. Ständig war irgendetwas zu reparieren, Losgerappeltes wieder zu befestigen oder auszutauschen. Der Wind bzw. seine Auswirkungen zeigten mir immer wieder, wie schwer es ist, den Naturgewalten etwas abzutrotzen, und mit welcher Kraft er versucht, jedes Hindernis aus dem Weg zu schaffen.

Eine minimale Ungleichmäßigkeit oder Unwucht des Rotors mag für kurze Zeit und bei niedrigen Drehzahlen kaum spürbar sein. Aber gerade diese Kleinigkeiten und Ungenauigkeiten können bei stärkerem Wind und bei Drehzahlen über 1.000 Umdrehungen pro Minute zu großen

1.2:
Das Windrad, gebaut nach einer Anleitung von Christian Kuhtz, mit 1,8 m ø.

Schäden führen – nicht nur am Rotor. Es entstehen schließlich so starke Vibrationen und kaum vorstellbare Fliehkräfte, die fast jedes Material auf Dauer zerstören. Ich finde es gewaltig, dass bei tausend Umdrehungen in der Minute die Flügelspitzen eines 2,2 m-Rotors eine Geschwindigkeit von über 400 km/h erreichen.

Solche kleinen Unregelmäßigkeiten waren auch bei meiner Anlage der Grund für die ständigen Reparaturen und sein frühzeitiges Ende: ein ausgeschlagenes Gelenk, verschlissene Kugellager und ein nicht mehr renovierbarer Rotor waren die Quittung für unsauberes Arbeiten. Für die Zukunft nahm ich mir vor, mit wesentlich mehr Sorgfalt und besonderem Augen-

1.3: Nina, Lola und mein Versuchspark

merk auf die entscheidenden Details zu arbeiten. Ein Windrad ist eben eine Präzisionsmaschine und nicht nur ein kleines ökologisches Spielzeug.
In der Zwischenzeit hatte ich festgestellt, dass meine Windräder, trotz der etwas ungünstigen Lage zwischen den Häusern der kleinen Siedlung und den hohen Bäumen in direkter Nachbarschaft, meine private Stromversorgung schon entscheidend mit trugen, auch wenn sie keinen ein Kraftwerk ersetzenden Energieertrag lieferten. Gemeinsam konnten Solarzellenanlage und Windrad die komplette Beleuchtung meiner Wohnung, den Kühlschrank, einen Lötkolben und über einen Wechselrichter auch Computer, Stereoanlage und Kornmühle mit Strom versorgen. Rein rechnerisch hätte ich auch einen Teil meiner Maschinen in der Werkstatt versorgen können, aber dafür reichte die Leistung des Wechselrichters nicht aus.
Nach dem Motto: „Nichts ist so gut, dass es nicht noch verbessert werden kann", sollte nun ein größeres und vor allem auch langlebigeres Windrad entstehen.
Die Windkraftanlage „ELWI 1" (Elektrische Windkraftanlage 1) schien mir da genau das Richtige zu sein, zumal die Bauanleitung in dem Buch von U. Stampa, E. Lerche und W. Bredow „Wind: Strom für das Haus" einen ziemlich komfortablen Zeichnungssatz mit allen Material- und Maßangaben enthielt. Da ich in meinem bisherigen Bastlerdasein nur sehr selten mit so exakten Zeichnungen zu tun hatte, beeindruckten mich diese sehr. Außerdem versprachen die gedrehten Teile aus Eisen doch erheblich mehr Zu-

verlässigkeit und eine längere Lebensdauer des Windrades.

Beim Bau von „ELWI 1" fielen mir immer wieder einige Details auf, für die es meines Erachtens bessere Lösungen geben könnte. Aber wie so oft, hatte ich ohne einen Arbeitsplan mit dem Bau begonnen. Ich wollte möglichst wenig Geld ausgeben und natürlich viele Einzelteile selbst fertigen, ohne allerdings zunächst gründlich darüber nachzudenken, wie und in welcher Reihenfolge so ein Nachbau sinnvoll ist.

Die Zeichnungen für die Drehteile gab ich einem befreundeten Dreher, der alle Teile recht schnell und exakt nach den Angaben im Plan fertigte. Zu Testzwecken wollte ich mir zu Beginn der weiteren Arbeiten einen Montage- und Teststänger aus einem kurzen Rohrstück bauen. Aber da gab es bereits das erste Problem: ein Rohr, das den in der Zeichnung angegebenen Maßen entsprach, konnte ich nicht beschaffen. Daher kaufte ich ein etwas schlankeres Rohr, in das nun aber das Zapfenlager für den Turmkopf nicht mehr passte. Also musste ich das Zapfenlager wieder nachdrehen lassen.

So fielen mir beim Bau noch eine ganze Reihe weiterer Einzelheiten auf, mit denen ich nicht zufrieden war. Insbesondere fehlte an der Anlage meines Erachtens eine automatische Sturmsicherung. Ich hatte ziemlich viel zu meckern, aber wohl auch, weil mir einige Dinge nicht auf Anhieb so gelangen, wie ich mir das vorgestellt und erhofft hatte. Da bereits alle Einzelteile gefertigt waren, wollte ich nun andererseits nicht mehr alles nach meinen Vorstellungen ändern. Außerdem hatte ich schon einiges an Zeit und Geld investiert. Nachdem die Arbeit ein paar Wochen geruht hatte, baute ich die ELWI 1 doch noch fertig. Das Windrad hat inzwischen eine ganze Weile auf einem kleinen Berg gestanden und dort recht gute Dienste geleistet und einen Akku nach dem anderen geladen.

1.4: Ein Nachbau der ELWI 1.   Photo: W. Bredow

1.5: Meine „ELWI 2"

Ausgelöst durch die diversen kleinen Enttäuschungen entstand bereits während der Fertigstellung von ELWI 1 in Gedanken ein geändertes Anlagenkonzept und damit die Idee für ein neues Windrad. Ausgehend von den Konstruktionsgrundlagen der ELWI 1 wollte ich meine hinzugewonnenen praktischen Erfahrungen verwirklichen. Wer das Buch „Wind: Strom für das Haus" von U. Stampa und W. Bredow kennt (leider nicht mehr lieferbar und nur noch in Bibliotheken zu bekommen), wird eine Verwandtschaft der im folgenden beschriebenen Konstruktion mit ELWI 1 nicht übersehen. Deshalb habe ich mir erlaubt, meinen Nachfolger der Einfachheit halber in diesem Buch „ELWI 2" zu nennen.

Ich möchte aber ausdrücklich darauf hinweisen, dass Konzept und Konstruktion der ELWI 1 durch die vorliegende Bauanleitung nicht überholt sind. Vielmehr ist ELWI 2 eine Entwicklung aus meinen Erfahrungen mit Windrädern gewesen, die mich dazu gebracht haben, etwas Neues zu planen und zu bauen. Andere Windradbauer haben vielleicht ganz andere Erfahrungen sammeln können. Es sind wahrscheinlich in den letzten Jahren eine große Anzahl des Typs ELWI 1 in Deutschland gebaut worden, die hoffentlich zur vollen Zufriedenheit ihrer Erbauer arbeiten.

Natürlich ist meine Bauanleitung nicht der Weisheit letzter Schluss, sondern einfach nur ein anderes Windrad, an dem einzelne Details geändert bzw. verbessert wurden. Als leidenschaftlicher Bastler werde ich auch an der ELWI 2 herumbasteln und versuchen, sie noch weiter zu optimieren. Schon während meiner Arbeiten an dieser Bauanleitung kommen mir neue Ideen und Pläne, von denen ich manche gleich wieder verworfen habe und andere irgendwann einmal umsetzen, bauen und erproben werde. Vielleicht wird zu gegebener Zeit eine ELWI 3 entstehen, die wiederum nur verwandt sein wird mit ihren beiden Namensvettern.

In diesem Sinne wäre es schön, gelegentlich auch einmal von Ihren Erfolgen, Fehlschlägen und Verbesserungsvorschlägen zu erfahren. Für mich ist der Erfahrungsaustausch mit anderen Bastlern sehr wichtig. Konkurrenzdenken erscheint mir unter allen Windradbauern fehl am Platze, geht es doch darum, sich gegenseitig zu helfen und der Windenergie wieder den Raum zu verschaffen, den sie vor vielen Jahren schon einmal hatte.

2 Der Wind

Als ich vor etlichen Jahren mit meinen ersten Windkraftversuchen begann, hatte ich mir nur wenig Gedanken darüber gemacht, auf welche Naturgewalt ich mich da einlasse. Die leidvollen Erfahrungen mit meinen ersten Basteleien haben mich jedoch inzwischen gelehrt, wie wichtig es ist, wenigstens die grundlegenden Zusammenhänge der Windenergie und ihrer Nutzung zu begreifen.

Nun will ich hier keine ausführliche Arbeit über die Windenergie an sich schreiben, sondern lediglich einige mir wichtig erscheinende Hinweise auf die Eigen- und Unarten des Windes geben. Wer mehr wissen will, findet im Anhang eine kommentierte Literaturliste und weitere Hinweise auf geeignete Fachbücher.

Entstehung des Windes

Kaum eine Energiequelle ist so allgegenwärtig und so reichlich verfügbar wie die Windenergie. Sie ist auf unabsehbare Zeit in großem Maße vorhanden und es bietet sich an, sie mittels Windrädern für die Menschheit nutzbar zu machen. Leider ist aber auch keine andere Energiequelle so unbeständig und so schwer zu kalkulieren wie der Wind.

Alles Leben auf der Erde und auch den Wind verdanken wir der Sonne. Ihre Wärmestrahlung heizt die Erdoberfläche unterschiedlich stark auf, wodurch auch die darüber liegenden Luftschichten erwärmt werden. Die erwärmte Luft steigt auf und macht nachströmender kühlerer Platz. Großräumig betrachtet ist die Luft

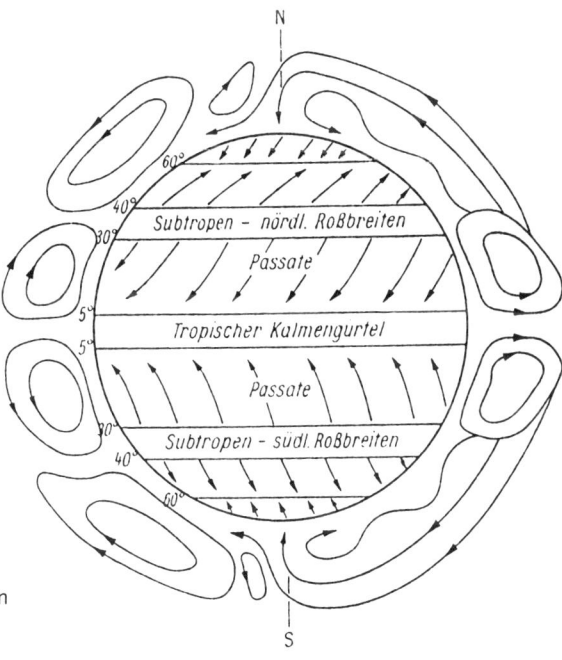

2.1
Entstehung der Windströmungen auf der Erde

immer bestrebt, diese durch Sonneneinwirkung entstehenden Druckunterschiede in der Atmosphäre auszugleichen. Diese dadurch entstehende Ausgleichsbewegung der Luft wird als Wind bezeichnet. Leider bewegt sich der Wind gerade in der Nähe der Erdoberfläche nur selten so schön gleichmäßig, wie es für den optimalen Betrieb einer Windanlage wünschenswert wäre. Berge, Hügel, Bäume, Büsche und Häuser behindern und bremsen die gleichmäßige Strömung. Während Höhenlagen des Standortes die nutzbare Windgeschwindigkeit häufig günstig beeinflussen, erzeugen Bäume und Häuser in den bodennahen Luftschichten Böen und Wirbel, die der Windenergienutzung eher abträglich sind.

Leistung des Windes

Das größte Problem und gleichzeitig eine der größten Herausforderungen an alle Ingenieure und Bastler sind die Schwankungen im Leistungsvermögen des Windes. Dieses Leistungsvermögen lässt sich aus der Masse der Luft, die in einer bestimmten Zeit durch eine Bezugsfläche hindurchströmt, und deren Geschwindigkeit berechnen:

P = Leistung des Windes (Watt)
A = Vom Wind durchströmte Fläche
v = Windgeschwindigkeit
ρ = Dichte der Luft = 1,293 kg/m³

Aus diesen Werten lässt sich der Energieinhalt der Luftströmung berechnen:

$$P = 1/2 \cdot \rho \cdot A \cdot v^3$$

Ein Rechenbeispiel für ELWI 2:
- Rotordurchmesser = 2,2 m
- Rotorfläche = A = 3,8 m²
- Anlaufwindgeschwindigk. v = 3 m/s
P = 0,647 kg/m³ · 3,8 m² · 27 m³/s³ =
= 66,38 Watt

Der Wind enthält bei einer Geschwindigkeit von 3 m/s auf die ganze Rotorfläche bezogen eine Leistung von 66,38 Watt. Windräder sollten aber unabhängig von ihrer Größe auch noch Stürme mit bis zu v = 30 m/s Windgeschwindigkeit ohne Schäden überstehen. Bei der 10fachen Windgeschwindigkeit steigt die Leistung des Windes gemäß obiger Formel um das 1.000-fache (= 10³). Für unsere ELWI 2 heißt das:

P = 27.000 m³/s³ · 3,8 m² · 0,647 kg/m²
= 66.382 Watt (= 66,4 kW)

Diese kleine Rechnung zeigt, welch hohe Leistungen bei Sturm auf das Windrad

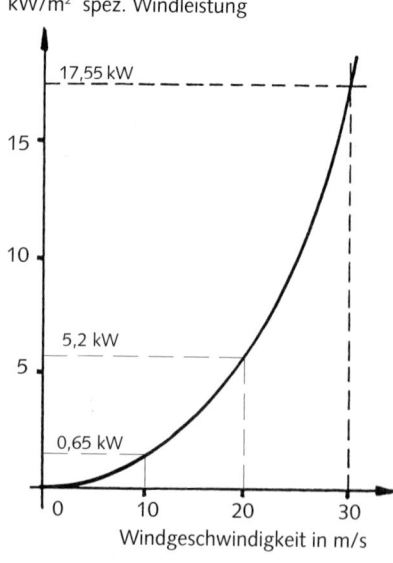

2.2
Leistungsvermögen von bewegter Luft pro 1 m² durchströmter Fläche. Die Windleistung steigt mit der 3. Potenz der Windgeschwindigkeit.

einwirken und welche Anforderungen daher an die Konstruktion und deren saubere Ausführung gestellt werden.
Eine Übersicht der Windverhältnisse vermittelt die Windstärketabelle nach Beaufort. In dieser Tabelle (Abb. 2.3) sind zu den Windstärkeklassen und Windgeschwindigkeiten auch Naturbeobachtungen als Vergleich aufgeführt. Mit etwas Übung können Sie Windgeschwindigkeiten allein durch Beobachtungen anhand der Tabelle abschätzen. Auch wenn die Schätzungen nur sehr ungenau bleiben, kann es doch eine erste Hilfe sein.

Wer es genauer wissen möchte und seine eigenen Wind- und Wetterbeobachtungen üben und überprüfen möchte, dem sei ein einfaches Windmessgerät oder eine kleine Wetterstation empfohlen. Mehr darüber habe ich in Kapitel 5 beschrieben.

Einige Bezugsadressen finden Sie im Anhang.

Windstärke	Geschwindigkeit m/s	Bezeichnung	Sichtbare Auswirkungen
0	0 - 0,2	Stille	Rauch steigt senkrecht empor
1	0,3 - 1,5	leiser Zug	Rauch zeigt Windrichtung
2	1,6 - 1,5	leichte Brise	Blätter säuseln, im Gesicht fühlbar
3	3,4 - 5,4	schwache Brise	Blätter und dünne Zweige bewegen sich
4	5,5 - 7,9	mäßige Brise	Wind hebt Staub und loses Papier
5	8,0 - 10,7	frische Brise	Kleine Bäume beginnen zu schwanken, auf See bilden sich Schaumköpfe
6	10,8 - 13,8	starker Wind	Starke Äste in Bewegung, Regenschirme schwierig zu benutzen
7	13,9 - 17,1	steifer Wind	Ganze Bäume in Bewegung, fühlbare Hemmung beim Gehen
8	17,2 - 20,7	stürmischer Wind	Wind bricht Zweige von Bäumen, erschwert erheblich das Gehen
9	20,8 - 24,4	Sturm	Kleinere Schäden an Häusern, Dachziegel werden abgehoben
10	24,5 - 28,4	schwerer Sturm	Bäume werden entwurzelt, bedeutende Schäden an Häusern
11	28,5 - 32,6	orkanartiger Sturm	Verbreitete Sturmschäden
12	32,7 - 36,9	Orkan	Schwerste Verwüstungen, im Binnenland sehr selten

2.3: Windstärkenskala nach Beaufort

3 Entwicklung der Windkraftanlagen

Die ersten Versuche, sich die unerschöpfliche Windkraft nutzbar zu machen, sind schon sehr alt. So wurden in Persien Überreste von Windmühlen gefunden, die auf ein Alter von etwa 4.000 Jahren geschätzt worden sind. Dies lässt wiederum darauf schließen, dass die ersten Versuche, den Wind zu nutzen, noch weiter zurückliegen. Auch in Europa waren Windmühlen bis in das 19. Jahrhundert weit verbreitet. Um anno 1850 liefen in ganz Europa rund 200.000 Windmühlen, davon allein 20000 in Deutschland. Sie waren fester Bestandteil des Landschaftsbildes und als Kornmühlen oder Wasserpumpen ein bedeutender Wirtschaftsfaktor.

Während die Windmühlen zum Mahlen von Getreide durch die aufkommenden elektrischen Mühlen zunehmend verdrängt wurden, entstanden zu Beginn des 20. Jahrhundert die ersten Windmühlen zur Stromerzeugung. Der anfangs florierende Markt für elektrische Windkraftanlagen, vor allem in Amerika und Deutschland, wurde hierzulande in den 30er Jahren durch eine monopolistische Energiepolitik stark beschnitten und kam fast zum Erliegen.

Die niedrigen Ölpreise in den Wiederaufbaujahren bewirkten ebenfalls, dass der Bau von Windkraftanlagen nicht weiter erforscht wurde. Erst im Zuge des steigen-

3.1: Traditionelles Windrad zum Wasserpumpen

3.2: Mischung aus Widerstands- und Auftriebsflügel mit senkrechter Rotorachse

den Umweltbewusstseins gewinnt die Windkraft wieder die Bedeutung, die ihr eigentlich seit jeher zusteht.
In den letzten drei Jahrtausenden der Windenergienutzung sind unzählige Windradformen entwickelt und gebaut worden. Die ständige Suche nach leistungsfähigen, dauerhaften und gleichzeitig einfach zu bauenden Windkraftanlagen hat zum Teil kuriose Bauwerke entstehen lassen. Durchgesetzt haben sich dabei stets solche Anlagentypen, die die Windenergie mit den gegebenen handwerklichen Techniken gut nutzen konnten und sich gleichzeitig optimal in den Arbeitsprozess (früher in erster Linie Bewässerung und Mahlen von Getreide und Ölsaaten) integrieren ließen.

3.1 Windanlagen und Modelle

Die heute gebräuchlichen Windradkonstruktionen lassen sich vereinfacht in zwei Gruppen aufteilen:
Der erste Typ hat sehr viele Flügel und dürfte den meisten Lesern aus alten amerikanischen Western bekannt sein. Daher wird dieser „Langsamläufer" auch oft als „Westernrad" bezeichnet. Durch die vielen Flügel oder auch Schaufeln und die große Flügelfläche (in der Regel einfache, gebogene Bleche) erreicht das Western-Windrad nur eine niedrige Drehzahl, aber ein sehr hohes Anlaufmoment. Es eignet sich daher hervorragend für die Wasserförderung (Pumpen) und andere langsam laufende Antriebe, die vor allem viel Kraft benötigen.
Unter guten Bedingungen kann ein Langsamläufer etwa 20 – 30% der im Wind enthaltenen Energie für uns nutzbar machen. Für die Stromerzeugung ist dieser Typ eben wegen seines langsamen Laufes nur schlecht geeignet, da Elektrogeneratoren für einen sinnvollen Betrieb in der Regel Drehzahlen von mindestens 800 bis ca. 3.000 Umdrehungen pro Minute brauchen. Die Versuche, diese Drehzahlen durch große Übersetzungen zu erreichen, führen aufgrund der damit verbundenen hohen Getriebeverluste in aller Regel nicht zu befriedigenden Resultaten.
Der zweite Anlagentyp hat nur zwei bis vier schlanke, aerodynamisch geformte Flügel und wird als „Schnellläufer" bezeichnet. Durch die kleine Blattfläche ist

3.3: Das Western-Windrad zum Wasserpumpen ist ein klassischer Langsamläufer das Anlaufmoment relativ niedrig, so dass solche Anlagen erst ab 3 – 4 m/s Windgeschwindigkeit anlaufen. Trotzdem nutzen die aerodynamisch geformten Flügelprofile die Windenergie sehr gut und erreichen bessere Wirkungsgrade bei höheren Drehzahlen, wie sie für den Antrieb von Generatoren zur Stromerzeugung gewünscht werden.

Da die Drehzahl eines Windrotors mit abnehmender Flügelzahl und schmaleren Profilen steigt, wurden sogar Versuche mit einblättrigen Rotoren (und sehr kompakten Gegengewichten) durchgeführt. Das Problem des sehr schlechten Anlaufens erst ab 5 – 6 m/s sollte durch höhere Wirkungsgrade mit spezieller Generatorschaltung ohne Getriebestufe ausgeglichen werden. Allerdings wurde bei diesen Anlagentypen unter anderem die Drehzahl und damit auch die Lautstärke durch Blattgeräusche so hoch, dass ein sinnvoller Betrieb auf Dauer nicht vorstellbar war. Meines Wissens gibt es noch vereinzelt Ein-Blatt-Rotoren im Betrieb, jedoch wird diese Anlagenvariante wohl zur Zeit nicht mehr weiterentwickelt.

Damit ist eigentlich klar, dass für unseren Zweck der Stromerzeugung im Kleinleistungsbereich bis etwa 500 Watt auf jeden Fall ein Schnellläufer mit zwei oder drei Flügeln die richtige Wahl ist. Und da im Hinblick auf das kompliziertere und aufwändigere Auswuchten ein zweiflügeliger Rotor leichter zu bauen ist als ein dreiflügeliger und weniger Aufwand erfordert, ist ELWI 2 als zweiflügelige Anlage konzipiert.

3.4: Vierflügeliger Schnellläufer mit schlankem aerodynamischem Flügelprofil

3.5: Der schnell drehende Ein-Blatt-Rotor benötigt ein Ausgleichsgewicht.

3.2 Leistung von Windkraftanlagen

Bei den Überlegungen, ein Windrad zu bauen oder zu konstruieren, geht es immer wieder um die Kernfrage: Wie kann ich dem Wind möglichst viel Energie abringen? Damit das Windrad überhaupt Leistung erbringen kann, muss es diese Energie dem Wind entziehen, was durch das Abbremsen der Luftströmung erreicht wird. Ideal wäre es, wenn es gelingen könnte, die Energie des Windes zu 100% in Nutzenergie umzusetzen. Dies würde jedoch erfordern, dass die Luftströmung durch das Windrad bis zum Stillstand abgebremst wird. Der Wind, ist er erstmal in Bewegung, bleibt nicht vor einer Wand stehen, sondern wird, abgesehen von einem erhöhten Staudruck vor der Wand, dem Hindernis ausweichen und es umströmen. Albert Betz hat schon in seinem Buch aus dem Jahre 1926 „Wind-Energie und ihre Ausnutzung durch Windmühlen" (siehe Literaturtipps im Anhang) vorgerechnet, dass nach den Gesetzen der Aerodynamik der höchste erreichbare Nutzungsgrad von Windkraftanlagen theoretisch bei 59,3% liegt. In der Praxis ist dieser Grenzwert allerdings kaum zu erreichen, da es in absehbarer Zeit nicht gelingen wird, einen aerodynamisch ideal geformten Flügel zu bauen. Zusätzlich werden sich auch Lagerreibungen, Getriebe- und Umwandlungsverluste im Generator nicht vermeiden lassen.

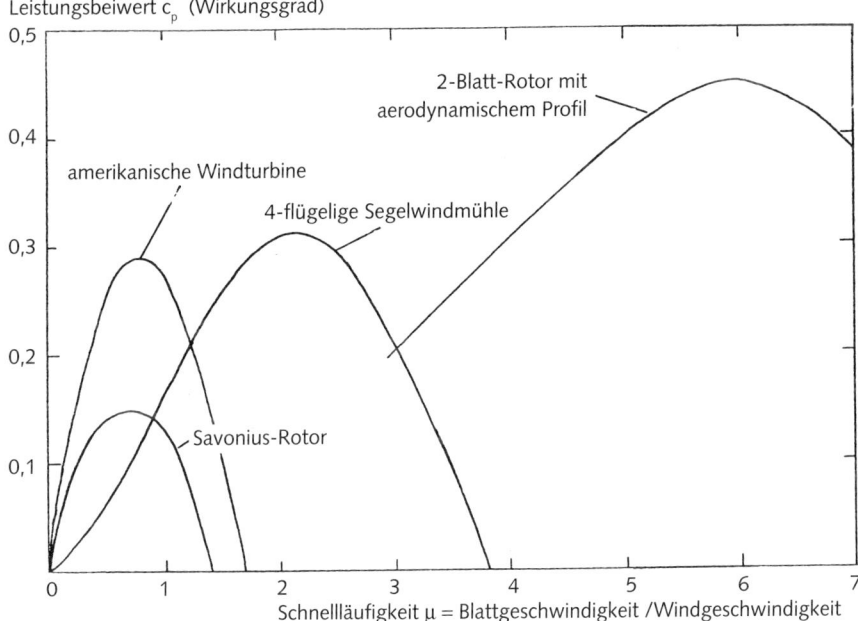

3.6: Wirkungsgrad verschiedener Windradformen als Funktion der Schnelllläufigkeit. Die Schnelllläufigkeit μ ist definiert als Verhältnis der Rotorblattspitzen-Geschwindigkeit zur Windgeschwindigkeit.

Moderne, sehr große Windkraftanlagen mit bis zu 5.000 kW$_{el}$ Leistung, mit Rotordurchmessern von über 110 m und Masthöhen von über 120 m erreichen Wirkungsgrade von bis zu 35% und stellen zur Zeit die absolute Entwicklungsspitze dar. Wohin und wieweit die Windanlagenentwicklung in den nächsten 5 bis 10 Jahren geht, bleibt abzuwarten.

Kleinwindanlagen stehen im Vergleich dazu noch ziemlich am Anfang der Entwicklung, Wirkungsgrade von mehr als 20 bis 30% sind eher die Ausnahme. Bei käuflich zu erwerbenden Anlagen werden zwar zum Teil absurde Versprechungen gemacht und angeblich erstaunliche Wirkungsgrade von über 200% erreicht, aber dazu später mehr.

Bei einem Selbstbauprojekt sollten die Erwartungen nicht zu hoch gesteckt werden, je nach verwendetem Generatortyp und eingesetzter Sorgfalt ist mit 15 bis 20% Wirkungsgrad bereits ein hervorragendes Ergebnis erreicht.

Immerhin kann die ELWI 2 mit 15% Wirkungsgrad bei einer Windgeschwindigkeit von 10 m/s stolze 360 Watt elektrische Energie liefern (siehe Leistungsberechnung Seite 12).

3.7
Windmühlen-Park in Californien mit älteren Anlagen der 300 kW-Klasse.

3.8
Darrieus-Rotoren in einem Windpark in Californien

4 Welcher Windrad-Typ?

Nicht immer steht die Stromerzeugung bei kleinen Windanlagen im Vordergrund. Für viele Bastler ist die „Windmühle" in der alten historischen Ausführung (Abb. 4.1) für den Vordergarten das Größte. Andere Selbstbauer suchen ein neues Objekt für die Freizeitbeschäftigung und bauen Windanlagen zum Wasserpumpen für den eigenen Gartenteich; die Stromerzeugung ist bei so einem Bauprojekt dann ein mehr oder weniger willkommener Nebeneffekt. Eine weitere Gruppe von Bauherren will in erster Linie den Strom nutzen, den die gekaufte oder selbst gebaute Windanlage produziert.

Für die Bauherren von historischen Mühlenmodellen und Wasserpumpen kann ich nicht viel Hilfreiches schreiben. Sie seien an die entsprechenden Bau- und Heimwerkerzeitschriften verwiesen. Bei den Literaturtipps gibt es auch ein paar Titel zum Selbstbau von Windpumpen. Die diversen Sicherheitshinweise beim Umgang mit Windanlagen, und seien sie noch so klein, betreffen allerdings alle Selbstbauer und auch Windmühlen mit historischen Vorbildern.

Wer sich eher mit der Stromerzeugung beschäftigen will, sollte sich frühzeitig – oder besser noch zuallererst – Gedanken darüber machen, wie er den umweltfreundlich erzeugten Strom nutzen möchte. Denn die meisten kleinen Windanlagen müssen an Batterien oder elektrische Verbraucher angeschlossen sein, um überhaupt korrekt zu laufen. Ohne einen angeschlossenen Verbraucher könnte die Windanlage im Leerlauf extrem schnell werden und sich dabei selbst zerstören.

Batterie- und Akkulader ...

Die meisten kleinen Selbstbau- und Kleinwindanlagen aus dem Handel mit bis zu ca. 500 Watt$_{el}$ Nennleistung werden auch als Batterie- oder Akkulader bezeichnet. Gemeint ist damit, dass der Generator für eine Nennspannung mit 12 oder 24 Volt ausgelegt und somit für das Laden von Batterien (Akkus) gedacht ist. Die Grenze von 500 Watt$_{el}$ heißt hier allerdings nicht, dass nicht auch noch deutlich größere Anlagen gebaut werden können, aber der

4.1: Holländer-Windmühle

Bau wird dann komplizierter und in der Regel auch teurer.

Kleine Windkraftanlagen sind überall dort sinnvoll, wo fernab vom öffentlichen Netz Strom gebraucht wird und ein Netzanschluss zu weit weg, zu aufwändig und zu teuer ist. Den Einsatzmöglichkeiten sind fast keine Grenzen gesetzt und von der Versorgung kleiner Weidezaungeräte über Wetterstationen bis hin zu Krankenhäusern in Entwicklungsländern ist fast alles möglich. Berghütten, Wochenendhäuser und Segelyachten sind oftmals auch auf den Strom aus Wind oder Sonne für Licht und Funkgeräte angewiesen.

Häufig fällt dabei der Begriff „Inselanlage", gemeint ist damit, dass die Stromerzeugungsanlage keine Verbindung mit dem öffentlichen Netz hat. Möglich ist hierbei eine Kombination mit anderen Erzeugern wie zum Beispiel mit Solarmodulen oder aber auch mit einem Notstromaggregat.

Eine Kleinwindanlage könnte im Prinzip auch ohne Batterien direkt verschiedene Verbraucher antreiben. Beispiele sind Wasserpumpen, Beleuchtungen oder aber auch die Heizungsunterstützung (zur Heizung später noch mehr).

Problematisch ist bei einem direkten Betrieb (d.h. ohne Zwischenspeicherung in Akkus) jedoch, dass die Windanlage immer erst eine bestimmte Drehzahl erreichen muss, bevor das optimale Drehmoment für den Antrieb eines bestimmten Verbrauchers erreicht wird. Das erfordert eine sehr genaue Abstimmung zwischen der Leistungsfähigkeit der Windanlage, des Verbrauchers und der Ansteuerung. Stimmt die Ansteuerung nicht, lässt der Verbraucher die Windanlage entweder nicht anlaufen oder aber sie läuft viel zu schnell, weil der Anlage nicht genug Leistung durch den Verbraucher abfordert wird.

Im Falle der Überforderung zieht niemand Nutzen aus dem Wind und alle Bauteile verschleißen nur. Im Falle der Unterforderung, und das kann z.B. auch der Fall sein, wenn eine Sicherung ausfällt oder

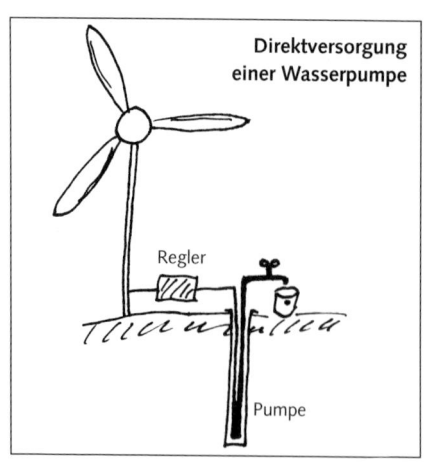

4.2: Windanlage ohne Speicher zum Direktantrieb einer Wasserpumpe als Verbraucher

4.3: Windanlage zur Versorgung eines Inselnetzes mit Regler, Batterie und Verbrauchern

der Verbraucher einfach nicht mehr funktioniert, besteht erhöhte Gefahr durch den Leerlauf der Windanlage. Die Fliehkräfte können dann die Anlage schwer beschädigen und zerstören. Aber zu Risiken und Gefahren mehr in einem späteren Kapitel.

Die wohl häufigste Variante ist die Speicherung mittels Batterien. Um den Strom auch zu windarmen Zeiten zur Verfügung zu haben, kann er in Batterien (Akkus) zwischengespeichert werden. Ein Laderegler sorgt dafür, dass die Batterien nicht überladen, aber auch nicht tiefentladen werden. Im günstigsten Fall ist der Laderegler so ausgelegt, dass er die Windanlage auch noch vor dem gefürchteten Leerlauf schützt und bei vollen Batterien bremst oder ganz stoppt.

Auf der Verbraucherseite gibt es für 12 V bzw. 24 V Gleichspannung in Geschäften für Camping- und Wohnmobilbedarf vielfältige Geräte, von der einfachen Beleuchtung bis hin zur Mikrowelle fast alles, was das Herz begehrt.

Allerdings ist die Anschaffung solcher Geräte für die 12/24 V Versorgung nicht immer gerade kostengünstig: Viele Geräte sind im normalen Haushalt zwar schon vorhanden, allerdings auch nur für die normale Steckdose mit 230 Volt. Um solche trotzdem zu betreiben, hilft ein Wechselrichter, der die niedrige Gleichspannung aus den Batterien auf 230 Volt Wechselspannung transformiert. Natürlich gibt es auch bei Wechselrichtern erhebliche Qualitätsunterschiede und nicht jedes Gerät eignet sich für alle Anwendungen gleich gut. Aber grundsätzlich schafft ein Wechselrichter zusätzliche Bequemlichkeit und selbst die normalen Dreiersteckdosen aus dem Baumarkt lassen sich weiter verwenden.

..oder doch Netzeinspeisung?

Viele Selbstbauer oder Käufer von kleinen Windanlagen in Deutschland wohnen in Häusern mit Garten, die normalerweise an das öffentliche Stromversorgungsnetz angeschlossen sind. Da stellt sich dann regelmäßig die Frage, ob es nicht sinnvoller ist, anstelle der Speicherung in Akkus den Strom direkt in das vorhandene Stromnetz einzuspeisen – nicht zuletzt deshalb, weil Batterien teuer sind und bei Herstellung und Entsorgung eine erhebliche Umweltbelastung darstellen.

Der Vorteil der Netzeinspeisung liegt ganz klar auf der Hand: Statt Batterien und Laderegler wird ein Netzkoppelgerät angeschafft und der Strom „verteilt" sich im hauseigenen Stromnetz. Das Prinzip ist tatsächlich so einfach, wie es klingt: Sobald die Windanlage ausreichend Strom produziert, wandelt das Netzkoppelgerät

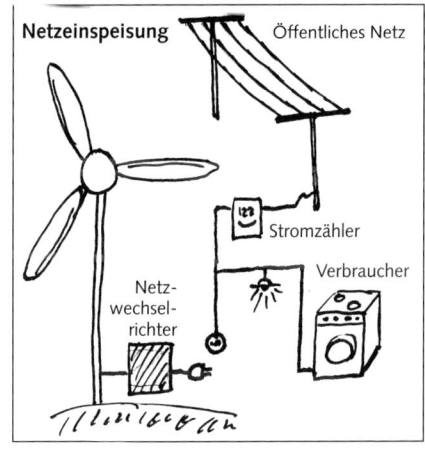

4.4: Windanlage mit Wechselrichter zur Einspeisung in das öffentliche Versorgungsnetz

die Energie so um, dass sie in das Hausnetz fließt. An den Verbrauchern im Haushalt muss nichts geändert werden und der Anlagenbetreiber merkt höchstens, dass die Stromrechnung des Versorgungsunternehmens im nächsten Jahr niedriger ausfällt.

Beispiel 1:
Die Windanlage produziert   500 Watt
Sie verbrauchen im Haushalt 1000 Watt
Der Stromzähler zählt nur   500 Watt

Beispiel 2:
Die Windanlage produziert   500 Watt
Sie verbrauchen im Haushalt 500 Watt
Der Stromzähler zählt   0 Watt

Beispiel 3:
Die Windanlage produziert 1000 Watt
Sie verbrauchen im Haushalt 500 Watt
Der Stromzähler zählt   – 500 Watt
(er läuft rückwärts)

Das Energie-Einspeise-Gesetz in Deutschland macht es möglich, dass Sie Ihrem Stromversorger Ihren überschüssigen Strom verkaufen können und dieser den von Ihnen gelieferten Strom auch abnehmen und bezahlen muss.

Natürlich gab es die Idee der Netzeinspeisung schon lange vor dem Energie-Einspeise-Gesetz und viele kleine Windanlagen haben mit mehr oder weniger guten Geräten Strom in das öffentliche Netz eingespeist. In den meisten Fällen dürfte die Stromeinspeisung jedoch illegal gewesen sein und der Stromzähler hat sich dann bei einem Überschuss (Beispiel 3) einfach rückwärts gedreht.

Aber: So komfortabel und bequem die Netzeinspeisung auch sein mag, einen Nachteil hat sie doch: Wenn das öffentliche Stromnetz ausfällt – was sicherlich selten passiert –, nützt die kleine Windanlage trotz vorhandenem Wind nichts. Aus Sicherheitsgründen würde das Netzkoppelgerät die Windanlage bei Netzausfall sofort abschalten und vom Netz trennen, um mögliche Gefahren bei Reparaturen am Stromnetz auszuschließen.

Anlagen zur Heizungsunterstützung

Eine dritte Variante möchte ich hier nicht unterschlagen. Es gibt vereinzelt Hersteller, die Kleinwindanlagen auch zur Heizungsunterstützung anbieten. Im Prinzip ist diese Form der Nutzung ähnlich bequem wie die Netzeinspeisung, nur noch etwas billiger. Anstelle des teuren Netzkoppelgerätes muss „nur" eine kleine Steuereinheit angeschafft und „nur" ein Heizstab in den Heißwasserspeicher geschraubt werden. Aber auch hier zeigen eigene Erfahrungen, dass es meist eben doch nicht so einfach ist, der Regler oft-

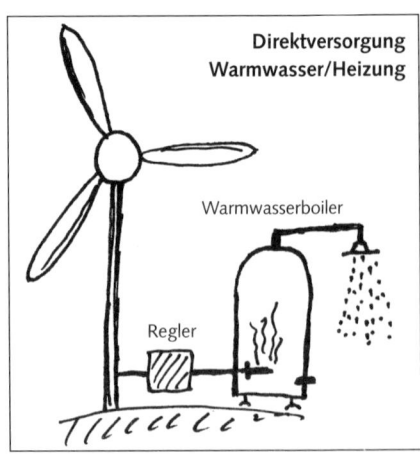

4.5: Hier wird der von der Windanlage erzeugte Strom zur Heizungsunterstützung genutzt

mals nicht so steuert, wie er sollte, und der meiste Wind so nutzlos vorbeizieht. Strom ist zum einfachen „Verheizen" eigentlich auch zu schade. Wärme ist die niederwertigste Form von Energie, und deshalb halte ich diese Variante für keine gute Lösung. Bei größeren Windanlagen ab 3 kW und hohem Warmwasserbedarf mag diese Option interessant sein, nicht jedoch bei so kleinen Anlagen.

Zusammenfassung

Für sehr viele Bastler und Heimwerker besteht natürlich der Reiz der „Selbstversorgung". Da reicht es eben nicht, den benötigten Strom selbst zu produzieren, ihn ins Netz einzuspeisen, dann aber bei einem Stromausfall nicht auf selbst gemachte Reserven zurückgreifen zu können. Auch ich war dem schwer erklärbaren Virus der „Selbstversorgung" erlegen. Ich konnte zwar den komfortablen Strom aus der Steckdose nutzen, wollte es aber einfach nicht und habe stattdessen viel Geld in Batterien investiert und versucht, nur den Überschuss ins öffentliche Netz zu speisen.

In der Tat hatten wir in unserer Siedlung nur ein einziges Mal in vielen Jahren einen Stromausfall durch einen Blitzeinschlag. Ich hatte tatsächlich als einziger in der Nachbarschaft an diesem Abend während der kurzen Zeit Wind-Strom aus meinen Batterien für Licht und Fernseher, aber diese Genugtuung war sehr teuer erkauft.

Ich habe selbst viele teure Versuche mit der Netzeinspeisung unternommen, aber wirklich funktioniert hat es bei mir in der Kombination mit Batterien eigentlich nie richtig und dauerhaft. Nun hat sich in den letzten Jahren auf dem Wechselrichter-Markt endlich etwas getan, so dass heute Wechselrichter für die Netzeinspeisung verfügbar sind, welche an die Eigenheiten von Kleinwindanlagen angepasst wurden. Natürlich ist es möglich, sich zum Beispiel eine kleine Anlage zu bauen oder zu kaufen und damit erstmal Batterien zu laden und später auf Netzeinspeisung umzusteigen. Aber es ist nicht damit getan, einfach die Batterien ab- und ein Netzeinspeisegerät anzuklemmen.

Daher:
Bei allen Anlagen und Projekten, bei denen ein Stromanschluss nicht vorhanden oder einfach zu teuer ist, gibt es auch keine Wahlmöglichkeit zwischen Batterie oder Netz. Bei allen anderen Anlagen mit einer Leistung ab ca. 500 W sollte aber schon vorher gründlich überlegt werden, ob nicht eine Netzeinspeisung erheblich umweltfreundlicher und somit auch sinnvoller ist.

Die Energie von 1 kWh reicht aus
- um ca. 9 Liter Wasser zu kochen,
- für ca. 7 Stunden Fernsehen,
- für ca. 6 x 10 Minuten Haare fönen,
- für ca. 1 Stunde bügeln,
- um ca. 4 Minuten warm zu duschen,
- um ca. 8 Stunden am Computer zu spielen,
- um ca. 60 Scheiben Brot zu toasten,
- um ca. 1 x 60°C-Wäsche in der Maschine zu waschen,
- um ca. 1 Tag lang die Tiefkühltruhe zu betreiben

4.6: Was kann ich mit 1 kWh Strom machen ?

5 Standortwahl

Eine der wichtigsten Entscheidungen bei der Überlegung, sich eine kleine Windanlage anzuschaffen oder auch selbst zu bauen, ist die Standortwahl. Natürlich wäre der Standort am besten, bei dem in allen Richtungen kein Baum, Busch oder Haus den Wind verwirbelt, denn der Rotor sollte möglichst ungestört vom Wind angeströmt werden. Leider bieten die meisten heimischen Gärten jedoch nicht gerade viele Variationsmöglichkeiten und so kann vor lauter Büschen und Bäumen eine Verschiebung der Windanlage um ein paar Meter mehr nach rechts oder links und in die Höhe durchaus Entscheidendes bewirken.

Für eine Energie-Ertragsrechnung im Rahmen der Anlagenplanung ist es in vielen Fällen interessant zu wissen, mit welcher mittleren Jahreswindgeschwindigkeit vor Ort gerechnet werden kann. Entsprechende Messungen werden von den Wetterstationen in Deutschland schon seit vielen Jahren gemacht. Die Ergebnisse sind in einer Windzonenkarte dargestellt (Abb. 5.1). Sie gibt allerdings nur sehr grob die zu erwartende mittlere Jahreswindgeschwindigkeit in 10 m Höhe an. Genauere lokale Daten können bei der nächstgelegenen Wettermessstation (oder an einem Flugplatz) erfragt werden.

Im allgemeinen wird gesagt und geschrieben, dass sich die Windenergienutzung erst in Gebieten ab etwa 3 bis 4 m/s Windgeschwindigkeit (im Jahresmittel) lohnt. Ich bin da etwas anderer Auffassung. Die Windkarte zeigt lediglich die Verteilung auf das Jahr gemittelt; es sind aber doch gerade die Herbst- und Winterzeiten, in denen der höchste Strombedarf besteht, und genau in diesen Zeiten ist das Windangebot wesentlich höher als im Jahresmittel angegeben.

Die Jahresausbeute wird zwar in einem windschwachen Gebiet kleiner ausfallen und die Wirtschaftlichkeitsberechnung gegebenenfalls schlecht aussehen, aber einen bescheidenen Beitrag wird eine Windanlage auch mit einem etwas weniger günstigen Standort liefern.

5.1 Lohnt sich eine Windmessung?

Es ist schwierig, diese Frage grundsätzlich mit „nein" zu beantworten. Aber in den allermeisten Fällen dürfte sich eine „richtige" Windmessung nicht lohnen. Windmessungen oder auch Ertragsgutachten, wie sie für größere Windkraftanlagen notwendig sind, um die hohen Investitionen und Kredite abzusichern, kosten etliche tausend Euro. Wenn Sie nun eine selbst gebaute oder auch gekaufte Kleinwindanlage errichten wollen, die zwischen 500 und 5.000 € kostet, wird es sich in den meisten Fällen nicht lohnen, schon im Vorfeld viel Geld für ein Messgerät oder gar für ein Ertragsgutachten auszugeben. Es gibt jedoch kleinere und einfache Messgeräte, welche die aktuelle Windgeschwindigkeit anzeigen und zum Teil auch

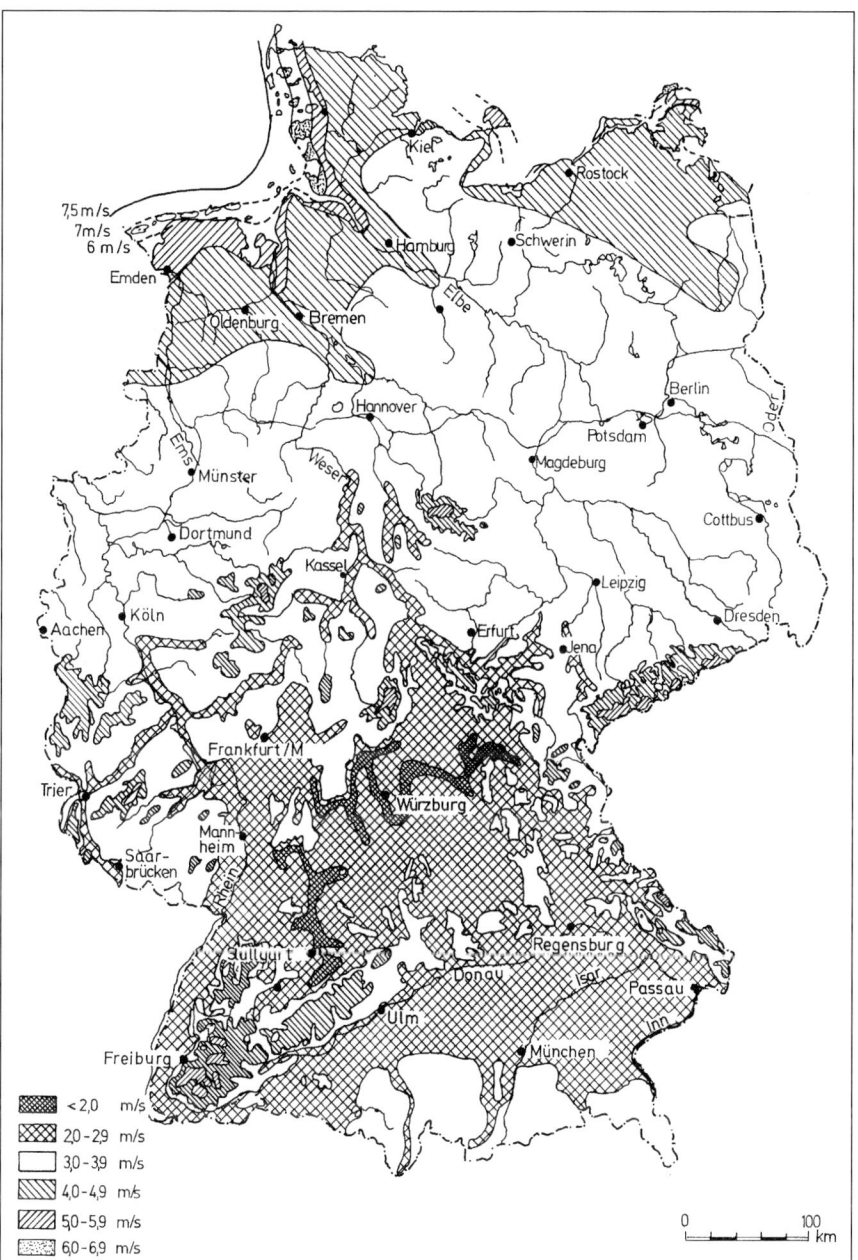

5.1: Windzonenkarte für Deutschland. Dargestellt sind die mittleren Jahresmittelwerte der Windgeschwindigkeiten in freien Lagen in 10 m Höhe über Grund. Beobachtungszeitraum 1971 bis 1989. (Vereinfachte Darstellung nach Unterlagen des Deutschen Wetterdienstes)

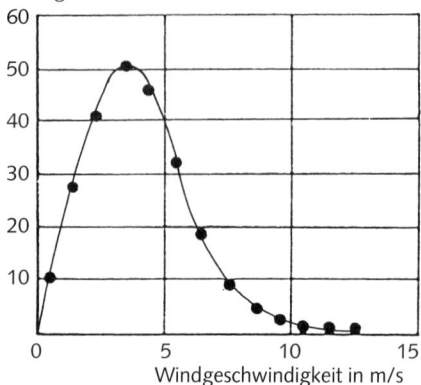

5.2
Beispiel einer Verteilung der Zeiten mit unterschiedlichen Windgeschwindigkeiten,

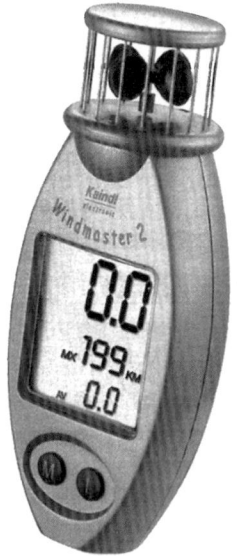

5.3
Das kleine und einfache Handwindmessgerät Windmaster 2 zeigt parallel die mittlere und maximale Windgeschwindigkeit an. Es ist umstellbar auf m/s, km/h und Knoten.
Preis ca. 60 € zzgl. Versand.
Photo: Conrad Electronic, Wernberg

speichern können. Diese einfacheren Geräte kosten zwischen 100 und 1.000 €. Wenngleich sich auch dieser Aufwand für eine Messung nicht bezahlt machen wird, kann es dennoch sehr interessant sein und Spaß machen, die Windgeschwindigkeit auf einem Messgerät zu beobachten, um für den Wind und seine Launen ein besseres Gespür zu entwickeln (Abb. 5.3).

5.2 Standorte

Wie zuvor beschrieben, ist der beste Platz ein ganz freies Gelände, auf dem das nächste Gebäude, der nächste Baum oder Busch mindesten 100 bis 200 m weit entfernt steht. So schön so eine Umgebung für die Windanlage ist, so schlecht ist sie für die Verkabelung, die ja von der Anlage bis zum Haus und zu den Verbrauchern geführt werden muss. Die realen Standortbedingungen sehen häufig ganz anders aus: konkret muss man sich in den meisten Fällen für eine Ecke im eigenen Garten entscheiden.

Im eigenen Garten

Beim eigenen Garten mit dem Haus, ein paar Bäumen, Büschen und einer Garage bzw. in der Siedlung zwischen vielen anderen Häusern mit ebenfalls einigen Bäumen und Büschen ist die beste Wahl nicht immer die praktikabelste.

Ohne die Behinderung der einzelnen Bauwerke mit Formeln zu berechnen, sollten Sie in Ihrem Garten ein paar Grundregeln beherzigen und danach intuitiv entscheiden. Die wichtigste Regel sollte sein, sich nicht mit den Nachbarn zu überwerfen, sondern sie frühzeitig über Ihre Pläne zu informieren. So bleiben dem Nachbarn und Ihnen Überraschungen erspart, falls Ihnen Unverständnis und Unwillen entgegengebracht werden. Suchen Sie sich einen Standort im Garten aus, bei dem sich die umliegenden Anwohner am wenigsten gestört fühlen können. Erst wenn dann noch Variationsmöglichkeiten offen stehen, sollte nach dem windgünstigsten Standort gesucht werden.

Die Hauptwindrichtung in den meisten Gebieten Deutschlands ist West bis Südwest, aber die stärksten Winde sind in der Regel aus West zu erwarten. In Siedlungen kann es lokal deutliche Abweichungen von der Hauptwindrichtung geben, weil Hügel, Berge und Gebäude für eine Umlenkung des Windes sorgen. Hier sollten Sie auf Ihre Beobachtungen vertrauen, um herauszufinden, woher es tatsächlich am meisten und am kräftigsten bläst und weht. Aber grundsätzlich möchte die Windanlage möglichst gerade und gleichmäßig angeströmt werden. Das heißt, dass dort, wo sich im Herbst die Blätter im Kreis drehen, besonders viele Wirbel vorhanden sind und die Windanlage hier nicht unbedingt ihren besten Platz hat.

Eine Perspektive von oben (Grundriss) auf ein Stück Papier zu zeichnen, ist manchmal hilfreich, um sich einen besseren Überblick über das Grundstück und die Hindernisse für den Wind zu verschaffen und die günstigen und ungünstigen Standorte zu bestimmen.

Auf und an Gebäuden

Der Gedanke liegt nahe, die Windanlage gleich direkt auf das Dach des Wohnhauses oder der Garage zu bauen. Im Prinzip ist dies auch möglich, doch leider in den meisten Fällen nicht sinnvoll. Viele der Kleinwindanlagen sind im Freien zwar zu hören, aber nicht sehr laut. Das liegt un-

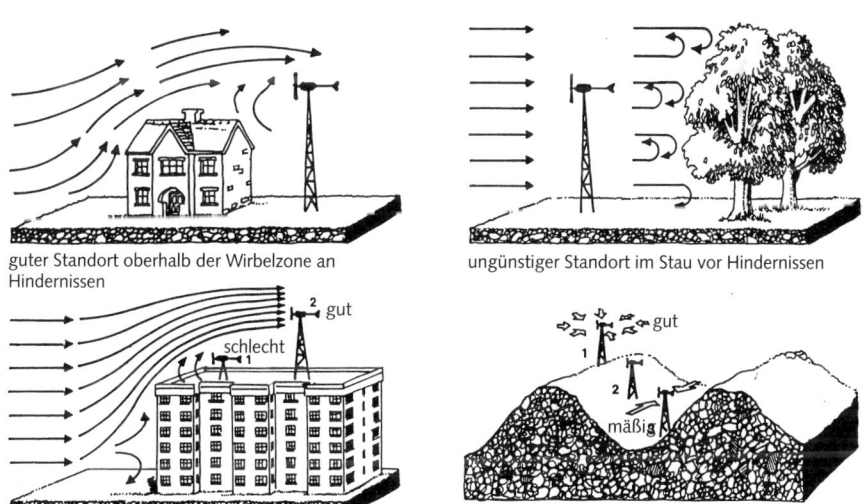

guter Standort oberhalb der Wirbelzone an Hindernissen

ungünstiger Standort im Stau vor Hindernissen

5.4: Um gute Leistungen zu bringen, muss der Rotor aus der Wirbelzone von Bäumen und Gebäuden herausragen.

ter anderem daran, dass die Anlagen selbst keinen nennenswerten Resonanzkörper haben (anders als z.B. eine Gitarre oder Geige), welcher die kleinen Schwingungen des Rotors oder das „Grummeln" des Generators verstärken und hörbar machen könnte. Sobald Sie aber eine Windanlage auf einem Dach aufbauen, kann das Generatorgeräusch über den Mast auf das ganze Gebäude übertragen und dadurch erheblich verstärkt werden. Bei einem Wohngebäude führt das in den meisten Fällen zu ganz erheblichen Belästigungen. Außerdem können feine Vibrationen auf lange Sicht unter Umständen auch zu Beschädigungen am Mauerwerk führen. Da die Kleinwindanlagen meist mit variabler Drehzahl arbeiten, kann mit Schwingungsdämpfern nur ein relativ kleiner Bereich sinnvoll herausgefiltert werden. Größere Bereiche oder gar alle Schwingungen lassen sich nur mit sehr teuren und aufwändigen Maßnahmen filtern.

Viele Berichte von Windanlagenbetreibern und eigene Erfahrungen zeigen, dass auf dem Dach eines Wohnhauses nur sehr kleine Windanlagen (< 100 Watt$_{el}$) mit vielen Rotorblättern (wegen der besseren Laufruhe) zu empfehlen sind. Größere Anlagen bis 500 Watt$_{el}$ sollten nur auf von Mensch und Tier unbewohnten Nebengebäuden montiert werden und dort auch nur an einer entsprechend stabilen Dachunterkonstruktion und nicht am Mauerwerk (wie in Abb. 5.5).

5.5
Um langfristig Schäden zu vermeiden, sollten Windkraftanlagen **nicht** am Mauerwerk befestigt werden, sondern – wenn überhaupt am Gebäude – nur an einer stabilen Dachkonstruktion.

6.1
Bei abgespannten Rohrmasten werden neben dem Fundament für den Mast noch drei weitere Fundamente für die Abspannpunkte benötigt.

6 Masten

Für die Standortwahl im heimischen Garten oder im freien Gelände ist die Auswahl des Mastes nicht ganz unbedeutend. Die unterschiedlichen Vor- und Nachteile der verschiedenen Mastkonstruktionen werden von Fall zu Fall bei der Auswahl den Ausschlag geben.

Wie hoch soll der Mast sein?

Die Frage ist eigentlich ganz leicht zu beantworten, wenn es darum geht, die höchsten Erträge aus der Windanlage herauszuholen: So hoch wie möglich und sinnvoll!
Je höher ein Mast wird, desto aufwändiger und teurer wird er selbst und auch der ggf. benötigte statische Nachweis der Standsicherheit, sofern ein Bauantrag bei der Gemeinde gestellt werden soll. In fast allen Bundesländern gibt es im Baugesetz Richtlinien für den Bau von Kleinwindanlagen, an die sich jeder halten muss (siehe Kapitel 7: Baurecht in Deutschland). Nach meinen Erfahrungen stellen die wenigsten Bauherren einen Bauantrag und kümmern sich auch nur in Grundzügen um die gesetzlichen Vorgaben.
Nicht vergessen werden darf, dass die Windanlage für Kontrollen oder Reparaturen erreichbar bleiben muss. Wenn die Leitern nicht mehr ausreichen und ein Hubsteiger kommen muss, kann eine Reparatur oder Wartungsmaßnahme schnell sehr teuer werden. Andererseits muss der Mast mindestens so hoch sein, dass der Rotor nicht mit ausgestrecktem Arm berührt werden kann. Denn ein schnell drehender Rotor hat so viel Kraft, dass an Kopf und Händen schwerste Verletzungen entstehen können.

Abgespannte Rohrmasten

Die wohl einfachste und billigste Variante ist der abgespannte Rohrmast. Für den Aufbau sind neben dem Fundament für den Mast selbst auch solche für die Abspannpunkte mit einzuplanen. Wird am Mastfuß ein stabiles Gelenk (Scharnier) vorgesehen, können abgespannte Rohrmasten mittels Seilwinde für Wartungszwecke auch leicht umgelegt werden.

Abgespannte Gittermasten

Aufwändiger und auch meist erheblich teurer sind Gittermasten, die aufgrund ihrer schlanken Konstruktion zusätzlich abgespannt werden müssen. Auch hier sollte man die Fundamente bei der Planung nicht vergessen. Vorteilhaft ist dabei, dass der Mast je nach Ausführung besteigbar ist und so Wartung und Kontrolle problemloser und schneller durchzuführen sind.

Freistehende Rohr- und Gittermasten

Freistehende Rohr- und Gittermasten sind für den kleinen Garten die ideale Variante. Sie brauchen am wenigsten Platz und auch nur ein Fundament am Mastfuß. Bei einer Neuanschaffung sind sie aber leider aufgrund der sehr viel stabileren Ausführung und des größeren Durchmessers auch eine teurere Lösung.

Gebrauchte Masten

Wer die Kosten für die Anschaffung eines neuen Mastes scheut und lieber etwas mehr Arbeit investieren möchte, kann Masten oftmals auch gebraucht bekommen. Ausgediente Gittermasten der Deutschen Bahn oder auch alte Telefon- oder Strom-Gittermasten sind zum Teil für unter 100 € zu bekommen. Auch ein alter Holz-Telefonmast ist durchaus zu gebrauchen, wenn er nicht schon zu morsch ist. Nicht zu unterschätzen ist allerdings der Aufwand für den Transport eines 10 oder 15 m langen Mastes bis in den heimischen Garten. Muss dafür eine Firma beauftragt werden, lassen Sie sich unbedingt zuerst einen verbindlichen Kostenvoranschlag machen, in dem das Auf- und Abladen enthalten ist. Es könnte sonst zu bösen Überraschungen kommen, wenn der Transport am Ende sehr viel teurer wird als der Mast selbst.

Teleskopmasten

Wer viel experimentieren möchte, wird den Luxus eines Teleskopmastes schätzen lernen. Es gibt auch hier verschiedene Varianten mit Rohr- oder Gittermastkonstruktionen, aber fast alle haben eines gemeinsam: Sie sind in der Regel für Antennen und nicht für Kleinwindanlagen konstruiert und somit nur bedingt geeignet. Bei der Auswahl ist darauf zu achten, dass sie sehr stabil sind und dass der Teleskop-Mechanismus so konstruiert wurde, dass bei zusammengeschobenem Rohr die Ro-

6.2: Abgespannte Gittermasten sind leichter besteigbar.

6.3: Ein freistehender Gittermast benötigt eine breitere Basis und ein größeres Fundament

torblätter nicht anschlagen und dass direkt unterhalb der Windanlage noch eine zusätzliche Abspannung zur Stabilisierung zu montieren ist. Ich selbst hatte Glück und konnte bei einem Händler für ausgemusterte Bundeswehrgerätschaften für relativ wenig Geld einen sehr stabilen Teleskopmast bekommen.

Fazit

Für den Selbstbau eignet sich am besten der abgespannte Stahlrohrmast. Ein Stahlrohr in der Norm-Länge von z.B. 6 m ist über fast jeden örtlichen Schlossereibetrieb zu besorgen und die Stahlseile mit Zubehör für die Abspannung sind in den meisten Baumärkten erhältlich. Soll der Mast länger werden, wird das Rohr gleich sehr viel teurer in der Anschaffung. Eventuell können auch mehrere Rohrstücke miteinander verschweißt werden, aber hier sollten sich nur sehr geübte Schweißer mit entsprechenden Kenntnissen und Erfahrungen herantrauen.

Besonders pfiffig ist es beim Selbstbau, gleich eine Kippvorrichtung mit zu planen wie in Abb. 6.4 zu sehen. So entfällt der schwierige und nicht ganz ungefährliche Aufbau mit langen Leitern. Spätere Kontrollen und Wartungsarbeiten können auf diese Weise bequem am Boden durchgeführt werden.

Blitzschutz

Bei der Aufstellung von Windkraftanlagen sind die allgemeinen Blitzschutzbe-

6.4: Abgespannte Rohrmasten mit Drehgelenk am Fusspunkt lassen sich mittels Seilwinde und Stellschere bzw. Jütbaum schnell umlegen bzw. aufrichten.

6.5 Teleskopmast

stimmungen (Allgemeine Blitzschutz-Bestimmung ABB §10, Absatz 2.5.1) zu beachten. Für den Anschluss einer Blitzschutz-Erdleitung ist am Mastfuß eine Schraube anzubringen. Die Erdleitung besteht aus Kupferdraht mit mindestens 8 mm² oder feuerverzinktem Flachstahl mit mindestens 100 mm² Querschnitt. Sie wird an zwei etwa drei Meter lange Staberder angeschlossen, die in einem Abstand von drei Metern senkrecht in den Boden gerammt werden. Exakte Einzelheiten erfahren Sie bei einem Blitzschutzunternehmen vor Ort, wo Sie auch die entsprechenden Normteile für die Installation erhalten.

7 Baurecht in Deutschland

Das Baurecht wurde in Deutschland auch für Kleinwindanlagen in den letzten Jahren mehrfach überarbeitet, bleibt aber weitgehend Ländersache. Somit gibt es leider auch keine einheitliche Vorgehensweise in Deutschland. Hält man sich an die Obergrenzen, gibt es in der Regel auch keine Schwierigkeiten beim Bauamt. Sehr viele Kleinwindanlagen in Deutschland wurden und werden aber ohne Baugenehmigung errichtet. Viele dieser Bauwerke würden zwar alle Kriterien einhalten, aber das Bauamt ist eine Behörde, mit dem die meisten Bauherren nicht so gerne Kontakt haben, zumal eine Baugenehmigung Schwierigkeiten mit sich bringen könnte und obendrein auch noch Geld kostet. Dass diese Anlagen dennoch oft schon viele Jahre unbehelligt umweltfreundlich Strom produzieren, liegt sicherlich auch daran, dass sie im Angesicht der vielen „großen" Windanlagen mit über 100 m hohen Masten und 50 m langen Rotorblättern nicht besonders ernst genommen und als „Spielerei" abgetan werden. Aber alle Spielerei ändert nichts daran, dass auch eine Kleinwindanlage dem Baurecht unterliegt und ein Bauantrag oder eine Bauanzeige bei der Gemeinde einzureichen ist.

Schall und Schattenwurf (Disco-Effekte)

Bei den großen Windanlagen liest man ab und zu über Klagen der Anlieger und Nachbarn, die sich vom Schattenwurf und vom so genannten „Disco-Effekt" gestört fühlen. Immer dann, wenn die Sonne hinter der Windanlage steht, werfen die Rotorblätter einen Schatten im Takt der Rotordrehzahl. Da sich die Rotoren der großen Windanlagen recht langsam drehen, kann der ständig wiederkehrende, am

Fenster vorbeihuschende Schatten wirklich sehr störend sein. Ähnliches betrifft die Geräuschentwicklung an Windanlagen, wobei es drei verschiedene Quellen der Geräusche und Töne mit jeweils unterschiedlichen Auswirkungen gibt. Das erste und auffälligste Geräusch, das wir wahrnehmen, ist fast immer das „Fauchen" der Rotorblätter, wenn sie dicht am Mast vorbeiziehen. Das zweite Geräusch ist das „Grummeln" des Generators oder Getriebes, das vor allem über den Mast übertragen wird, und das dritte Geräusch macht der Wind selbst am Gittermast oder an der Abspannung.

Bei Kleinwindanlagen haben wir zwar auch das Problem der Geräuschentwicklung, aber hier stellt es sich etwas anders dar. Zum einen ist die Belästigung nicht so groß, weil die Windanlagen sehr viel kleiner sind und so in der Regel weniger Lärm erzeugen. Zum anderen werden Kleinwindanlagen in den meisten Fällen auf Masten gebaut, die um 6 – 15 m hoch sind. Der Schall kann sich somit erst gar nicht so weit ausbreiten. Allerdings kann bei hohen Windgeschwindigkeiten je nach Ausführung der Rotorblätter ein deutliches Zischen und Sirren oder Fauchen den Nachbarn aus der Nachtruhe werfen.

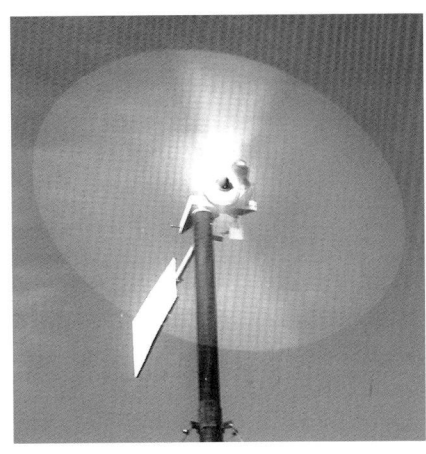

7.1
Bei schnelldrehendem Rotor erscheint dieser beinahe transparent.

Durch die meist geringere Nabenhöhe ist auch der Radius für den Schattenwurf sehr viel kleiner. Dazu kommt noch bei den meisten Kleinwindanlagen die relativ hohe Rotorblattdrehzahl, bei der das einzelne Blatt im Betrieb kaum noch zu erkennen ist und der komplette Rotor nur noch als fast durchsichtige Scheibe wahrgenommen wird. Der Disco-Effekt entsteht so erst gar nicht bzw. nur im ganz kleinen Radius beim Anlauf und Auslauf der Anlage.

8 Sicherheitsregeln beim Bauen

Bei dem Aufbau des Mastes und bei der Montage der Windanlage ist besonders auf die Sicherheit aller Beteiligten zu achten. Vor allem sollten keine Kinder in der Nähe sein, die in einem unbeobachteten Moment an der falschen Stelle stehen können. Immer wieder unterschätzt werden Stahl- oder Nylonseile, die zum Aufrichten von Masten Verwendung finden. Alle Seilverbindungen sollten mit allerhöchster Sorgfalt mit Seilkauschen und Seilklemmen gesichert werden. Abb. 8.3 zeigt, wie die Klemmen montiert werden sollten.

Beim Aufrichten von Masten muss auch bedacht werden, dass das Zugseil wegen des sehr flachen Winkels im ersten Moment des Anhebens enorm stark belastet wird und diese Zugbelastung ein Vielfaches vom Gewicht des Mastes beträgt (wiegt z.B. ein 6 m-Mast komplett mit Windanlage nur 200 kg, wird das Zugseil und auch die Seilwinde dennoch mit bis zu 1.000 kg belastet). Mastbauprofis verwenden hier sehr oft eine Aufrichthilfe (Jütbaum), welcher die Belastung erheblich reduziert, weil der Winkel für das Seil nicht mehr so flach ist. Auch hier ist auf die korrekte Montage und den sicheren Stand zu achten.

Ich selbst habe mich bei meinen Basteleien und speziell beim Probebetrieb mit meinen Bauwerken mehrfach aufgrund von Unachtsamkeiten erheblich verletzt. Deshalb möchte ich an dieser Stelle noch einmal ausdrücklich darauf hinweisen, dass eine Kleinwindanlage, und sei sie noch so klein, kein Spielzeug für Kinder ist. Die Verletzungsgefahr an drehenden Teilen und auch an stromführenden Leitungen ist gewaltig. Achten Sie bitte immer darauf, dass bei einem Probebetrieb niemals Kinder in unmittelbarer Nähe sind und in den drehenden Rotor greifen können. Auch Sie selbst sollten sich schützen, wo immer es geht.

8.1: Aufrichten einer Windanlage

8.2: Übergang Abspannung – Fundament

9 Der elektrische Anschluss

Spätestens wenn der Mast steht und die Windanlage sich im Wind dreht, sollte die Kabelführung geklärt sein. Der sicherste Weg ist die Verlegung eines Erdkabels in etwa 80 cm Tiefe. Natürlich ist es auch möglich, die Kabel „fliegend" vom Mast bis zur Hausecke in 2 – 3 m Höhe zu führen, um aufwändige Pflasterarbeiten im Garten zu vermeiden. Nachteil bei der fliegenden Variante ist aber immer die Abrissgefahr (wenn man mal mit der langen Obstleiter durchs Gelände läuft oder die Kinder die Belastungsfähigkeit des Kabels prüfen). Deshalb sollte immer erst ein dünnes Stahlseil gespannt werden, dass vor einem einfachen Abriss schützt und zugleich auch die Belastung auf das hängende Kabel selbst reduziert.

Wird aber das Pflaster doch aufgenommen und ein Graben ausgehoben, sollten gleich auch noch ein oder zwei weitere Kabel (eventuell abgeschirmt) mit hineingelegt werden, um später z.B. noch ein Windmessgerät oder etwas anderes (Beleuchtung für den Gartenweg) an dem Mast betreiben zu können. Dabei kann es nicht schaden, auch das gelbe Flatterband („Achtung! Starkstrom!") mit in den Graben zu legen. Sicher ist sicher und Jahre später denkt man vielleicht beim Verlegen einer neuen Wasser- oder Abflussleitung nicht mehr an die alte Stromleitung.

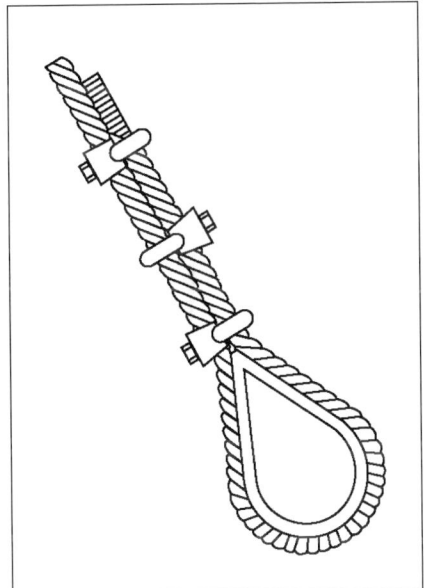

8.3
Jede Stahlseilschlaufe sollte mit einer Kausche und 3 Seilklemmen gesichert werden.

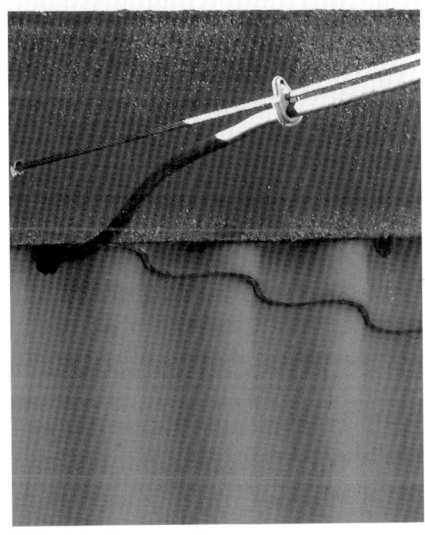

9.1
Im Freien verlegte Kabel sollten unbedingt mit einem Stahlseil entlastet werden.

9.1 Dimensionierung von Kabeln

Bei der Verlegung der Leitungen kommt es darauf an, die richtigen Kabelstärken zu verwenden. Dabei spielt es keine Rolle, ob Sie, wie oben beschrieben, die Leitung als Erdkabel verlegen oder wie üblich auf der Wand.

Bestimmender Faktor bei jeder Verdrahtung, ob im Kleinen mit einer Windanlage oder bei der Hausverkabelung mit Netzstrom, ist immer der Strom und nicht die eigentliche Leistung, die transportiert werden soll.

Die Formel dazu lautet:

Leistung (in Watt) / Spannung (in Volt) = Strom (in Ampere)

Bei der normalen Hausinstallation mit 230 Volt fließt z.B. zur Versorgung einer 60 Watt-Lampe ein Strom von 0,26 Ampere. Um die gleiche Leistung aus einer 12 Volt-Batterieanlage aufzubringen, muss nach der obigen Formel ein Strom von 5 Ampere fließen. Bei 24 Volt Versorgungsspannung sind es immerhin noch 2,5 Ampere. Je kleiner die Betriebsspannung ist, umso größer wird bei gleicher Leistung also der Strom. Je größer aber der Strom ist, der durch eine dünne Leitung fließt, umso größer ist auch der Leitungsverlust. Die Leistungsverluste machen sich nicht nur durch eine reduzierte Spannung am Verbraucher bemerkbar, sondern auch dadurch, dass sich das Kabel erwärmt. Schlimmstenfalls könnte sogar die Isolierung schmelzen oder durch Kurzschluss ein Brand entstehen. Außerdem muss der Verlust, den das zu dünne Kabel verursacht, von der Windanlage zusätzlich produziert werden, ohne dass man einen Nutzen davon hat. Durch ausreichend große Kabelquerschnitte und eine genügend hohe Systemspannung können diese Nachteile und Gefahren verhindert werden.

Ich halte mich stets an die alte Faustregel, ein Kabel niemals mit mehr als 10 A pro

Leistung vom Windrad oder Verbraucher	Spannung	Einfache Entfernung	Berechneter Querschnitt bei max. 1% Verlust	Berechneter Querschnitt bei max. 5% Verlust
50 Watt	12 Volt	20 m	24,9 mm²	5,0 mm²
100 Watt	12 Volt	20 m	49,7 mm²	9,9 mm²
250 Watt	12 Volt	20 m	124,3 mm²	24,9 mm²
500 Watt	12 Volt	20 m	248,6 mm²	49,7 mm²
500 Watt	24 Volt	20 m	62,2 mm²	12,4 mm²
1000 Watt	24 Volt	20 m	124,3 mm²	24,9 mm²
1000 Watt	24 Volt	**50 m**	310,8 mm²	62,2 mm²
1000 Watt	230 Volt (!)	50 m	3,4 mm²	0,7 mm²

9.2: Ermittlung des notwendigen Kabelquerschnitts in Abhängigkeit von Systemspannung und zu übertragender Leistung.

mm² Leiterquerschnitt zu belasten. Bei Leitungslängen von mehr als 10 m sollten im Interesse geringerer Leitungsverluste noch größere Kabelquerschnitte gewählt werden, so dass nicht mehr als 5 bis 10 A pro mm² Kabelquerschnitt fließen.

Für die etwas genauere Berechnung des Querschnitts für Kupferkabel hier eine Formel:

gesuchter Querschnitt =
= (ρ · m · L) / (v · U²)

ρ = spezifischer Widerstandswert von Kupfer = 0,0179 Ohm/mm²
m = doppelte Entfernung für Hin- und Rückweg
v = 0,01 für maximal 1 % Verlust (0,03 für 3 %)
U = Systemspannung
L = Leistung (Quelle oder Verbraucher)

Für alle, die keinen Taschenrechner zur Hand haben, liefert die Tabelle in Abb. 9.2 typische Richtwerte im Überblick.

Hier wird schnell deutlich, welchen Einfluss die Systemspannung und die zulässigen Verlustleistungen haben. Die genannten Querschnitte gelten natürlich sowohl für das Kabel von der Windanlage zur Batterie als auch für das von der Batterie zu den Verbrauchern (und natürlich auch für die Plus und Minus-Leitung!).

Auf dem Weg von der Windanlage zur Batterie gibt es allerdings die Besonderheit, dass hier nicht mit einer gleichmäßigen Leistung gerechnet werden kann. Die Nennleistung zu verwenden, ist im Prinzip richtig, aber es ist eben auch nur die Nennleistung und die wird in der Regel nur an wenigen Tagen und Stunden im Jahr erreicht. Im Gegensatz zu allen anderen Einsatzzwecken würde hier ein Ab-

runden der Querschnitte keine schwerwiegenden Verluste nach sich ziehen (z.B. bei 500 Watt / 24 V / 20 m = 10 mm²). Je nach Anlagenleistung, Einsatzzweck und Belastung durch die Verbraucher sollte man also gründlich abwägen, ob durch eine höhere Systemspannung nicht mögliche Nachteile einer längeren Versorgungsleitung ausgeglichen werden können. Zu empfehlen wäre es in jedem Fall. In der letzten Zeile der Tabelle (Abb. 9.2) habe ich den Vergleichswert für eine haushaltsübliche 230 Volt Verkabelung aufgeführt. Möchte man tatsächlich größere Verbraucher versorgen und das auch noch in größerer Entfernung von den Batterien, so liegt es nahe, dies gleich mit dem üblichen 230 V-Wechselspannungsnetz zu machen. Für diesen Zweck werden im Fachhandel Wechselrichter angeboten.

H07 RN-F: Gummischlauchleitung für mittlere mechanische Beanspruchung, uv-beständig, für die Verlegung im Freien geeignet

H07 V-K: Feindrähtige Kunststoffaderleitung für die feste Verlegung in trockenen Räumen, im Rohr, auf oder unter Putz sowie in Schaltschränken

NSL FFÖU: flexible Hochstromleitung (bis 95 mm²), bei hohen mechanischen Belastungen, für die Verbindung zwischen Akku und Wechselrichter

NYM: Mantelleitung für die feste Verlegung im Rohr sowie im. auf und unter Putz

NYY-O: Energiekabel für die Verlegung in der Erde mit oder ohne metallische Umhüllung

9.3: Gebräuchliche Kabel und Leitungen

9.2 Wechselrichter

Wechselrichter sind ursprünglich dafür entwickelt worden, um aus Batteriestrom die im Haushalt gewohnte 230 V-Wechselspannung zu erzeugen. Sie werden im allgemeinen auch Inselwechselrichter genannt und sind nicht zu verwechseln mit den weiter unten behandelten netzgekoppelten Wechselrichtern.

Je nach Wechselrichtertyp und -leistung arbeiten die Geräte mit Eingangsspannungen von 12, 24 oder auch 48 Volt, passend zu den gebräuchlichen Akku-Spannungen. Am Ausgang steht immer 230 V Wechselspannung mit Netzfrequenz (50 Hz) zur Verfügung.

Wichtiger Hinweis!
Bitte kommen Sie **niemals** auf die Idee, einen Inselwechselrichter mit einer gewöhnlichen Steckdose im Haushalt zu verbinden. Dies verursacht einen fürchterlichen Knall, wobei im günstigsten Fall nur die Sicherung im Sicherungsschrank oder die im Wechselrichter herausfliegt. Im ungünstigsten Fall hat das Gerät einen Totalschaden bzw. ist nur sehr kostspielig wieder instand zu setzen.

Es gibt Inselwechselrichter für viele Einsatzzwecke, in ganz unterschiedlicher Form, Qualität und somit auch Preisgestaltung.

Einfache Wechselrichter liefern eine rechteckige oder trapezförmige Ausgangsspannung und werden entsprechend als *Rechteck- oder Trapezwechselrichter* bezeichnet. Es gibt sie schon mit sehr kleiner Leistung ab etwa 100 Watt; sie eignen sich zur Versorgung vieler Kleingeräte und werden z.B. im PKW für die Versorgung von Computernetzteilen eingesetzt. Die Qualität dieser zum Teil sehr preiswerten Geräte ist meistens eher dürftig. Sie funktionieren für den Laptop nur deshalb so gut, weil dessen Netzteil sehr gut und unempfindlich ist und viele Störungen herausfiltern kann.

Die größeren Geräte mit Leistungen bis zu 1000 Watt eignen sich hervorragend für den Antrieb kleinerer Handwerksmaschinen und für die meisten haushaltsüblichen Geräte. Allerdings macht der Betrieb einiger Geräte mit elektronischer Ansteuerung an solchen Wechselrichtern Schwierigkeiten, z.B. Kreissägen mit ei-

9.4
Dieser kleine, aber sehr gute 200 Watt-Sinuswechselrichter (12 V) der Firma ASP-AG leistet seit vielen Jahren hervorragende Dienste bei mir. Selbst bei kurzzeitiger Überlastung mit satten 300 Watt ist zwar die Spannung nicht mehr ganz stabil, aber die Leistung schafft er dennoch.

ner elektronischen Steuerung für den Sanftanlauf oder auch Handbohrmaschinen mit Drehzahlregelung.

Wer für alle Fälle sicher gehen möchte, sollte gleich nach einem leistungsstarken *Sinus-Wechselrichter* Ausschau halten. Ich habe selbst schon für Versuche Geräte mit 5000 Watt Leistung eingesetzt. Sie sind so konzipiert, dass die Ausgangsspannung fast perfekt der sinusförmigen Netzspannung nachgebildet ist. Natürlich gibt es hier auch wieder Qualitätsunterschiede, wobei das teuerste Gerät nicht immer auch das Beste ist. Deshalb sollte man sich beim Kauf vom Fachhändler beraten lassen und ggf. auf Erfahrungsberichte vertrauen.

Theoretisch könnte die Wechselrichterleistung so groß gewählt werden, dass sich alle Verbraucher direkt mit 230 Volt betreiben lassen. Das funktioniert grundsätzlich auch. Aber leider hat auch ein guter Sinuswechselrichter nur einen beschränkten Wirkungsgrad, so dass ein Teil der kostbaren Energie bei der Umwandlung verloren geht, und zwar umso mehr, je größer der Wechselrichter. Wird er so ausgelegt, dass seine Leistung für den Betrieb der großen Kreissäge im Garten reicht, während in der meisten Zeit nur ein paar Energiesparlampen leuchten, dann verbraucht der Wechselrichter selbst unter Umständen mehr Strom als die paar Lampen.

Deshalb sind sorgsame und vorausschauende Planung sowie nicht zu üppige Dimensionierung unbedingt anzuraten und auf jeden Fall besser als die vermeidbaren Verluste durch eine doppelt so große Windanlage auszugleichen.

9.3 Netzwechselrichter

Netzwechselrichter sind vom Prinzip her ähnlich aufgebaut wie die zu vor beschriebenen Insel-Wechselrichter. Der Unterschied liegt darin, dass sie nicht selbstständig eine Netzspannung und Frequenz aufbauen können, sondern diese erst am Netz (Ihrer Steckdose) messen und dann exakt nachbilden. Die besonderen Vor- und Nachteile habe ich zuvor schon im Kapitel 4.2 beschrieben.

Es gibt zwar sehr viele Netzwechselrichter auf dem Markt, aber sie wurden für Solarstromanlagen entwickelt. Solaranlagen reagieren sehr langsam auf ändernde Wetterbedingungen und die Betriebsspannung ändert sich kaum. Entsprechend sind die Wechselrichter auch nur für diese Anlagen optimiert. Eine Kleinwindanlage

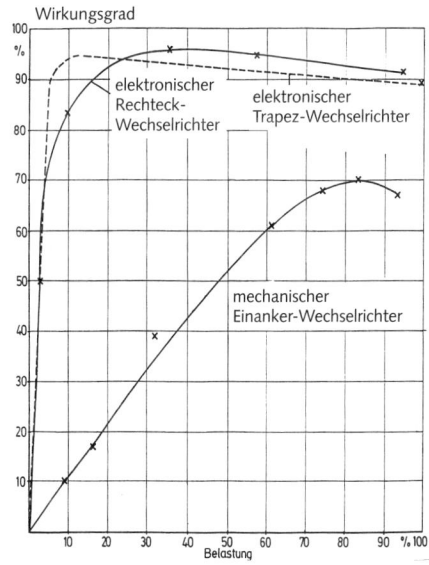

9.5
Wirkungsgrade von selbstgeführten Wechselrichtern in Abhängigkeit von der Belastung.

9.6
Wechselrichter zur
Netzeinspeisung

wechselt in den Windböen ständig ihre Drehzahl und somit auch sehr schnell die Generatorspannung. Wechselrichter müssen also mit schnellen Spannungsschwankungen fertig werden und da ist die Auswahl an Geräten zurzeit leider noch sehr spärlich.

Bedauerlicherweise kostet die Entwicklung tauglicher Geräte enorm viel Geld und so ist die Bereitschaft der Hersteller, solches zu investieren, entsprechend gering. Ein beträchtlicher Teil der Entwicklungskosten ist bisher von Kunden und kleineren Händlern aufgebracht worden, die den Ärger und die Schäden mit nicht ausgereiften Geräten hatten und zum großen Teil auf den Kosten sitzen geblieben sind.

Mir sind zurzeit nur zwei käufliche Geräte bekannt, die tatsächlich als Wind-Netzwechselrichter bezeichnet werden können. Es sind die Geräte der Firma Dorfmüller DMI (800 W/1500 W) und von ESB (WTI 1500 W/3000 W). Das DMI 800 hat eine maximale Leistung von 800 Watt und ist für eine Eingangsspannung bis 80 Volt ausgelegt, beginnt mit der Einspeisung jedoch leider erst bei ca. 28 – 30 Volt. Das bedeutet, dass es eine 24 V-Windanlage erst spät ans Netz schaltet. Besser geeignet wäre hier eine Windanlage mit 36 V- oder 48 V-Generator. Darüber hinaus zeichnet sich das Gerät durch die kompakte und wetterfeste Bauweise aus. Die größeren Geräte von ESB sind für 1,5 und 3 kW ausgelegt und auch für 24 Volt Windanlagen geeignet. Die für Deutschland notwendige Netzüberwachung ENS (elektronische Netz-Sicherung) ist bereits integriert. Das Besondere an diesen Wechselrichtern ist die programmierbare Leistungskennlinie für verschiedene Generatortypen. Allerdings ist diese Geräteklasse für kleinere gekaufte oder selbstgebaute Windanlagen mit einer Leistung um 500 Watt keine billige Anschaffung. Wer jedoch in näherer Zukunft größeres plant, sollte den Kauf ernsthaft in Erwägung ziehen.

9.4 Batterien

Soll rund um die Uhr trotz windarmer Zeiten Strom zur Verfügung stehen, muss dieser, wie schon gesagt, in Batterien zwischengespeichert werden. Für Solar- und Windanlagen sollten nur solche Batterien (Akkus) verwendet werden, die als Antriebs- und Beleuchtungsbatterien bezeichnet werden. Deren Innenleben unterscheidet sich wesentlich von dem normaler Autoakkus. Während die Autobatterie zum Anlassen des Motors nur kurzzeitig einen sehr hohen Strom liefern muss (danach übernimmt die Lichtmaschine die Arbeit), sind Antriebsbatterien eher geeignet, kleinere gleichmäßigere Ströme über längere Zeiträume hinweg aufzunehmen und wieder zur Verfügung zu stellen. Da Antriebsbatterien in der Regel etwas teurer sind als Autobatterien, können für erste Versuche auch gebrauchte KFZ-Batterien verwendet werden. Der Strombedarf einer Hausversorgung und das Leistungsvermögen der Batterien passen allerdings nicht zusammen, so dass die KFZ-Batterien schon nach 1–2 Jahren ausfallen können (bei gebrauchten je nach Zustand noch viel schneller). Gute Antriebsbatterien dagegen verrichten je nach Verbrauchsgewohnheiten 5–7 Jahre lang zuverlässig ihren Dienst.

Für ein größeres Inselsystem, bei dem ein ganzes Haus aus Batterien versorgt wird, lohnt sich meist sogar die Anschaffung der recht teuren *stationären Panzerplattenbatterien*. Diese sind mindestens doppelt so teuer wie die Antriebsbatterien, arbeiten dafür jedoch auch drei- bis viermal so lange, wodurch sich die höhere Investition wieder bezahlt macht.

Entscheidend für die Lebensdauer der Batterien ist nicht nur die richtige Pflege, sondern auch eine korrekte Dimensionierung. Ist die Akkukapazität zu groß ausgelegt, schafft es die Windanlage nicht, die Batterie voll zu laden, um das gelegentliche Aufgasen der Batterie zu ermöglichen (das ist wichtig für das Durchmischen der Batteriesäure). Ist sie zu knapp bemessen, wird die Säure zwar durchgemischt, aber bei voller Batterie würde der Laderegler die Windanlage abbremsen und ein windiger Tag kann nicht weiter zur Stromversorgung beitragen.

Aus eigener, durchaus leidvoller (!) Erfahrung möchte ich dringend auf die folgenden Grundregeln beim Umgang mit Batterien hinweisen:

9.7
Stationäre Bleibatterien wie hier im Bild oder Traktionsbatterien sind für ernsthafte Anwendungen in Inselanlagen unbedingt zu empfehlen. Der Wechselrichter sollte allerdings nicht so nah an den Batterien installiert werden.

- Vorsicht beim Umgang mit Werkzeug an den Batterien. Mit einem Schraubenschlüssel lässt sich schnell ein Kurzschluss fabrizieren, der zu gefährlichen Bränden und Explosionen führen kann.
- Niemals rauchen, wenn Sie mit Batterien hantieren!
- Vorsicht beim Umgang mit der Batteriesäure und beim Nachfüllen von destilliertem Wasser (Handschuhe und Brille tragen!). Säurespritzer auf Haut und Kleidung sofort mit sehr viel klarem Wasser ausspülen. Bei Spritzern in die Augen ebenfalls sofort spülen und unmittelbar danach einen Augenarzt aufsuchen!
- Nur gleichaltrige Batterien sollten gemeinsam verwendet werden, damit die schwächere Batterie nicht die bessere entlädt und dauerhaft beschädigt.
- Werden mehrere Batterien parallel geschaltet, sollten die einzelnen durch Sicherungen (50 A) voneinander getrennt werden können. Bei einem Kurzschluss würde so nur eine Batterie beschädigt werden und nicht alle.
- Die Sicherungen sowie andere Geräte dürfen nicht in unmittelbarer Nähe der Batterien selbst montiert werden. Eine Sicherung erzeugt beim Durchbrennen einen kleinen Lichtbogen, der ausreichen kann, um aus der Batterie austretendes Gas (Wasserstoff) zu entzünden. Ein Sicherheitsabstand zur Batterie von mindestens 2 m ist dringend empfohlen.

9.5 Elektrische Verdrahtung

Für die Installation von Verbrauchern, die mit 12 oder 24 V Gleichspannung betrieben werden, kann nur selten Installationsmaterial verwendet werden, wie es aus der normalen Haustechnik bekannt ist. Natürlich können die gleichen Schalter verwendet werden, wenn deren maximale Strombelastung für Gleichspannung eingehalten wird.

Bei Gleichspannung erzeugt das Öffnen und Schließen eines Schalters aber immer einen kleinen Lichtbogen und damit kleine Verbrennungen an den Kontakten. Je größer der Strom ist, der geschaltet wird, desto stärker ist der Lichtbogen und der Abbrand an den Kontakten. Bei Wechselstrom passiert dies im Prinzip zwar auch, aber durch den schnellen Polaritätswechsel wird der Funke im Bruchteil einer Sekunde automatisch gelöscht. Darf beispielsweise ein normaler Lichtschalter bei 230 V Wechselspannung mit bis zu 10 A belastet werden (= 2300 W), so sollte bei Gleichspannung mit 12 oder 24 V bei ca. 3 Ampere Schluss sein (Schaltleistung 40/80 W). Wechselstromsteckdosen sollten grundsätzlich nicht verwendet werden, da die Verwechslungsgefahr mit 230 V zu groß ist. Außerdem könnten Plus und Minus vertauscht werden, falls der Stecker verdreht eingesteckt wird.

Ebenso dürfen die bekannten Sicherungsautomaten aus der Haustechnik nicht eingesetzt werden, da deren Auslösemechanismus auf Wechselstrom und nicht auf Gleichstrom ausgelegt ist.

Im Fachhandel für Solar- und Windtechnik, aber auch im Autozubehörhandel gibt es reichliches Zubehör, von guten Sicherungen und kleinen Sicherungsautomaten bis hin zu verpolungssicheren Steckdosen und Steckern. Achten Sie in jedem Fall auf eine gute Verarbeitungsqualität der Kabelanschlüsse.

Bei der Installation eines normalen Haushaltsnetzes mit 230 V Wechselstrom gibt es sehr viele Normen und Ausführungsbestimmungen zu beachten, um die elektrische Sicherheit zu gewährleisten. Das erforderliche Installationsmaterial ist über den Fachhandel im Allgemeinen ohne Probleme zu bekommen. Bei der Installation eines „Kleinspannungsnetzes" mit 12 oder 24 V Gleichstrom liegen die Verhältnisse etwas anders. Die Gefahr von Stromschlägen bei Berührung besteht zwar nicht, trotzdem gilt es auch hier ein paar wichtige Regeln zu beachten, um Schäden an Geräten oder einen Kabelbrand zu vermeiden. Nachteilig ist derzeit noch, dass das Installationsmaterial für Kleinspannungsnetze relativ teuer und nicht überall erhältlich ist.

Einige Bauteile können aus der KFZ-Installationstechnik übernommen werden, sie sind aber für eine Installation im Haus nicht gerade ideal. Die Gefahr der Verpolung von Steckkontakten ist da nur ein Beispiel, wo größte Vorsicht geboten ist. Ich habe mir aus diesem Grund eine eigene Norm zugelegt, an die ich mich bei allen Erweiterungen oder Änderungen immer gehalten habe. Zusätzlich habe ich alle Steckkontakte und Schalter mit den Farben rot und blau gekennzeichnet.

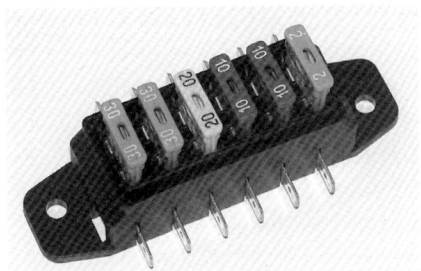

9.8
Im KFZ-Zubehör gibt es eine Vielzahl von Sicherungen für Kleinspannungsanlagen, nicht nur für die Steckmontage. Sicherungen für sehr hohe Ströme von z.B. 50 bis 70 A (ganz links und rechts) sind mit Schraubkontakten ausgestattet.

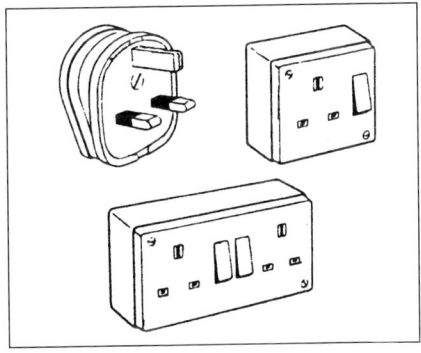

9.9
Stecker und Steckdosen für Gleichstromnetze dürfen nicht mit der Wechselstrominstallation verwechselbar sein und müssen Plus- und Minus-Pol eindeutig unterscheiden. An diese englischen Stecker können Kabel bis zu 6 mm² angeklemmt werden, die Steckdosen nehmen Kabelquerschnitte bis 10 mm² auf.

9.6 Schalter und Sicherungen

Bei kleineren Verbrauchern mit einem Anschlusswert von bis zu 50 W (Glühbirnen etc.) sind die normalen Unterputz- bzw. Aufputzschalter aus der 230 V-Technik durchaus brauchbar. Größere Gleichstrom-Leistungen sollten damit jedoch nicht geschaltet werden, auch wenn diese Schalter in der Regel für 10 A Kontaktbelastung (bei Wechselstrom) ausgelegt sind. Der Kontaktabbrand bei Gleichstrom ist nämlich merklich höher als bei Wechselstrom. Für stärkere Verbraucher mit Strömen über 4 bis 5 A müssen spezielle Schalter verwendet werden, die eigens für hohe Gleichströme gebaut sind.

Ein wichtiger Punkt ist die Absicherung der einzelnen Verbraucherkreise. Eine brauchbare Lösung bieten die aus der Autotechnik bekannten Schmelzsicherungen, allerdings sind die entsprechenden Halterungen dafür fast nur auf dem Schrottplatz zu bekommen. Ebenso gut eignen sich die Sicherungsautomaten aus der Hausinstallation. Sie sind in verschiedenen Stromstärken fast überall erhältlich und haben gleichzeitig den großen Vorteil, dass mit dem eingebauten Schalter zur Not auch ein Verbraucher geschaltet werden kann.

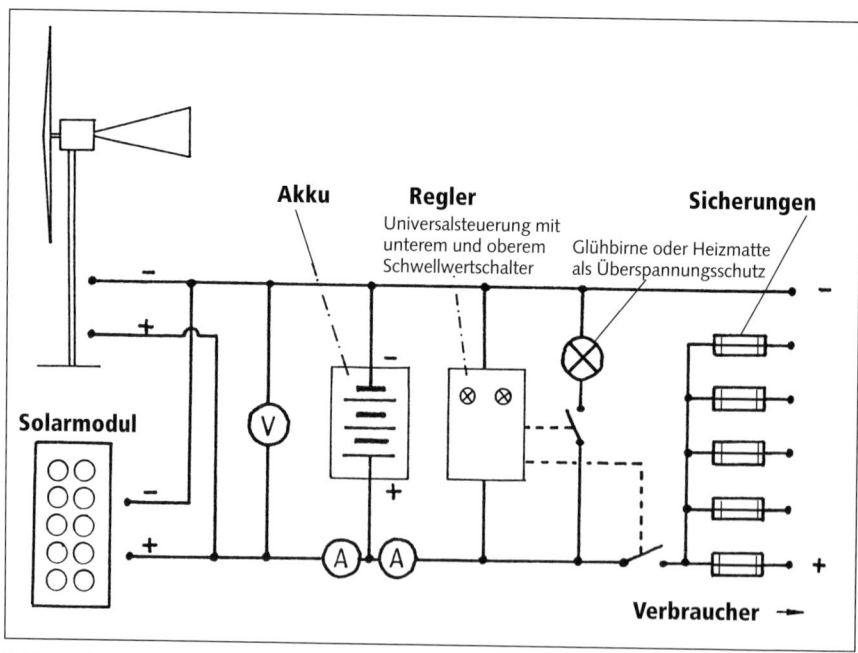

9.11: So könnte eine kleine komplette Stromversorgung mit Windrad, Solarmodul, Regler und Meßgeräten aussehen.

9.7 Verbraucher

Spätestens wenn Ihre ELWI auf dem Mast steht und ihren ersten Strom produziert, sollten Sie sich Gedanken darüber machen, was Sie mit dem umweltfreundlich erzeugten Strom machen wollen.

Die zu erwartende Energieausbeute der ELWI lässt sich kaum exakt vorhersagen, da sie doch sehr von den Windverhältnissen am Standort abhängt. Bei einem sehr guten Standort können es über 200 kWh pro Jahr sein, bei einem schlechten Standort aber vielleicht auch nur 50 kWh pro Jahr. Die genaue Ausbeute lässt sich nur durch Erfahrungen oder mit vergleichsweise teuren Messgeräten vor Ort abschätzen. Daher lohnt sich meines Erachtens bei so einer kleinen Anlage auch nicht der Aufwand komplizierter Berechnungsverfahren.

Dagegen fand ich es bei meinen Versuchen mit Windrädern immer recht interessant, mit zwei kleinen Messgeräten Strom und Spannung vom Generator und damit die Leistung des Windrades bestimmen zu können. Diese Messinstrumente sind auch hilfreich, um hin und wieder die Funktion von Generator und Batterien zu überprüfen. Die Batterien können es überhaupt nicht vertragen, wenn sie zu tief entladen oder überladen werden. Mit einem genauen Spannungsmesser (günstig ist z.B. ein einfaches Digitalvoltmeter) sollten Sie anhand der Akkuspannung regelmäßig den Ladezustand der Akkus überprüfen und gegebenenfalls Verbraucher zu- oder abschalten. Alternativ dazu lässt sich auch mit einem guten Säureprüfer der Ladezustand der Akkus überwachen, was zwar ebenso genau, aber etwas umständlicher ist.

Wie ein Versorgungsnetz mit ELWI, Akku und Regler aussehen könnte, zeigt Abb. 9.11. Da die Kombination mit Solarzellen für eine gleichmäßige Stromerzeugung

9.12: Mein kleiner Mess- und Prüfstand im Freien. ELWI 2 liefert – auf dem Bild kaum zu erkennen – gerade knapp 300 W. Das runde Messgerät zeigt fast 25 A Ladestrom bei 13 V Spannung

über das ganze Jahr hinweg vielfach recht günstig ist, habe ich ein Modul als zusätzliche Stromquelle mit eingezeichnet. Es sind auch andere zusätzliche Stromerzeuger denkbar, wie z.B. ein umgebautes Trimmfahrrad oder eine zweite ELWI.
Bei einer Systemspannung von 12 Volt dürfte es mit der Beschaffung geeigneter Verbraucher keine Probleme geben. Fast alles, von der Kaffeemaschine bis zum Farbfernseher, ist im KFZ-Zubehörhandel oder im Campingzubehör zu finden. Für 24 Volt Systemspannung gibt es solche Geräte auch, doch sind sie in der Regel etwas schwieriger erhältlich.
Grundsätzlich ist es auch möglich, mit einem Spannungswandler 230 Volt Wechselstrom zu erzeugen und damit einzelne Geräte zu betreiben, deren Stromverbrauch natürlich nicht zu groß sein darf.

Doch ist die Anschaffung guter, d.h. verlustarmer Wandler sehr teuer, zumal es gerade bei kleinen Anlagen wirklich sparsamer und sinnvoller ist, den Strom so zu verbrauchen, wie er erzeugt wird. Bei jeder Umformung der Spannung, ob auf 230 Volt oder auf 6 Volt, entstehen Verluste, die von der ELWI zusätzlich produziert werden müssen.
Hier noch ein kleiner Versuchsvorschlag, um Ihnen die Leistungsfähigkeit der Niederspannung (12 V) zu demonstrieren: Halten Sie eine 12 V-KFZ-Bremslichtbirne mit 21 W neben eine 40 W-Birne der normalen Hausversorgung und vergleichen Sie bei eingeschaltetem Strom die Helligkeit. Sie werden erstaunt sein, wie hoch die Lichtausbeute der Niedervoltlampe ist, und das bei etwa halbem Stromverbrauch!

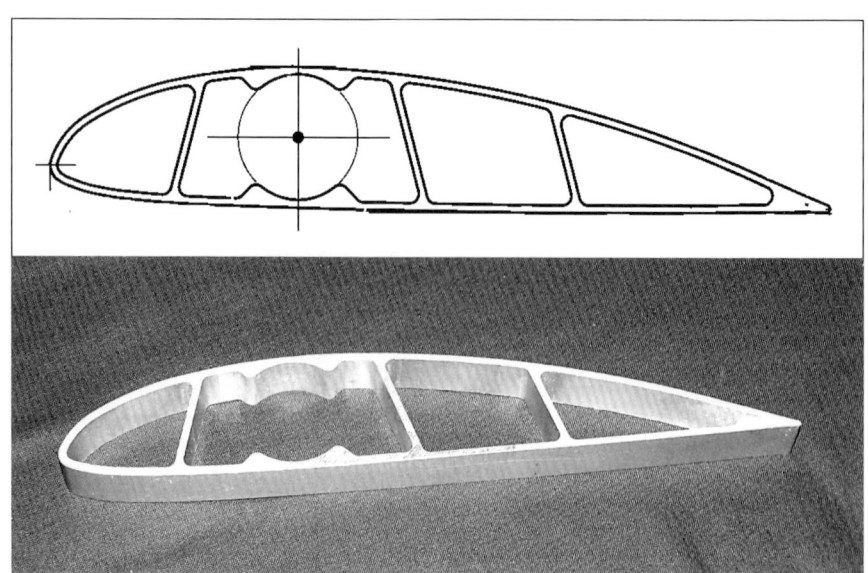

10.1: Der Windradflügel (Profil CK220) wird als Aluminium-Strangpressprofil hergestellt. Mit einem eingesteckten Rohr als tragendem Holm lassen sich damit unterschiedlich große Windanlagen bauen.

10 Rotorblätter

Rotorblätter selbst zu bauen ist eine besondere Kunst, die sehr viel Geduld und Erfahrung braucht. Das betrifft alle Varianten von Rotoren, ob aus Holz, Kunststoff oder auch aus Metall.

Für einen Anfänger ist es sicherlich leichter, mit kleinen 2-Blatt-Rotoren aus einem Stück Holz zu beginnen. Ein Drei-Blatt-Rotor ist wegen des aufwändigen und schwierigeren Ausbalancierens schon eine erhebliche Herausforderung. Nur wer sich mit dem Modellbau gut auskennt oder Erfahrungen mit dem Holzrotor hat, sollte sich an GFK-Blätter im Selbstbau heranwagen, denn immerhin müssen Sie für GFK-Blätter auch ein Modell und eine Negativform bauen.

Es gibt eine ganze Reihe von geeigneten Profilen für den Windradbau mit unterschiedlichen Vor- und Nachteilen. Wer sich hier weiter informieren möchte: es gibt spezielle Profil-Bücher, die zum Teil auch in den öffentlichen Büchereien zu bekommen sind (Stichworte: Luftfahrt, Aerodynamik, Strömungslehre).

Im Zubehörhandel (siehe Anhang) sind komplette Rotoren einzeln oder als Ersatzteile zu beziehen. Die Auswahl ist in der Zwischenzeit erfreulich groß (Abb. 10.2). Auch hier gilt, dass eine gute Beratung hilft, die gröbsten Fehler und Schäden zu vermeiden.

Etwas besonders ist das Strangprofil aus Aluminium, das in Zusammenarbeit mit Herrn Crome (Bremen) für die Selbstbau-Windanlage Kukate entwickelt wurde (Abb. 10.1). Es ist ein einfaches Rotorblattprofil, das als Meterware relativ günstig angeboten wird und mit einem Rohr als Mittelholm an der Rotornabe befestigt wird. Passend dazu gibt es End- und Abschlusskappen. Dadurch lassen sich Rotoren in fast beliebiger Größe fertigen. Da sich das Profil zwischen dem inneren und äußeren Radius nicht verändert, ist es nur bedingt für Anlagen mit kleinerem Rotordurchmesser als 3 bis 4 m geeignet.

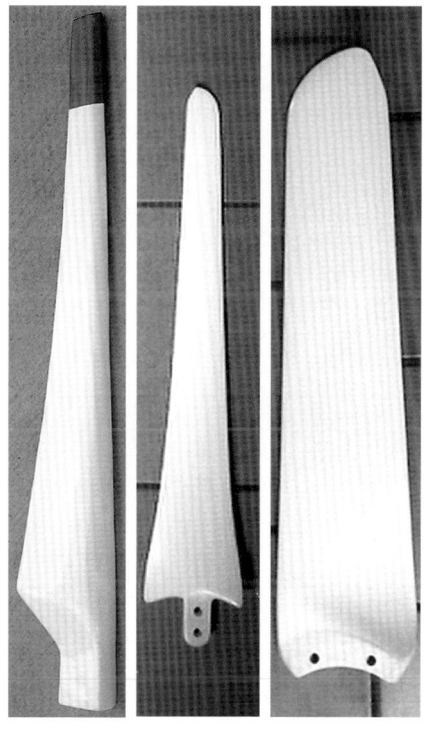

10.2: Fertige Flügel für zwei- und dreiflügelige Rotoren lassen sich auch als Ersatzteil von Anlagenherstellern beziehen.

11 Generatoren

Als Generator für kleinere Windräder werden im Selbstbau oft 12 Volt Autolichtmaschinen verwendet. Gebraucht sind sie relativ leicht auf Schrottplätzen oder bei Autohändlern zu bekommen, dort allerdings oft nicht so billig wie erhofft. Die Lebensdauer der meisten dieser Generatoren bzw. Lichtmaschinen ist fast unbegrenzt. Einziges Verschleißteil sind die Kohlestifte bzw. -bürsten. Es kann auch schon einmal vorkommen, dass eine Diodenplatte, die für die Gleichrichtung des Wechsel- oder Drehstromes verantwortlich ist, nicht mehr korrekt arbeitet oder aber die Lager beschädigt sind. Letzteres ist aber sehr selten.

Damit sind ihre Vorteile aber auch schon aufgezählt. Ihr größter Nachteil ist der sehr bescheidene Wirkungsgrad von maximal 40 %, wobei einzelne Typen sogar nur 10 – 15 % erreichen. Außerdem benötigen diese Generatoren recht hohe Drehzahlen, bis die Generatorspannung die Ladeschwelle überschreitet. Außerdem ist eine direkte Montage des Rotors auf der Lichtmaschinen-Welle in der Regel schon deswegen nicht sinnvoll, weil die schwachen hinteren Lager den Winddruck des Rotors nicht lange aushalten.

Ein weiterer Nachteil ist der Eigenstromverbrauch. Um das Polrad in der Lichtmaschine zu magnetisieren, muss zunächst einmal ein Strom durch die Feldwicklung fließen, der im allgemeinen dem Akku entnommen wird. Erst bei eingeschalteter Erregung kann der Generator Strom erzeugen, vorausgesetzt die Mindestdrehzahl ist erreicht.

Für den kleineren Geldbeutel gibt es jedoch keine richtige Alternative. Gute Erfahrungen habe ich mit französischen Auto-Lichtmaschinen von Ducellier gemacht. Diese Wechselstromgeneratoren wurden in fast allen älteren Autotypen von Citröen eingebaut und haben je nach Typ bis zu 500 Watt$_{el}$ Nennleistung.

Wesentlich besser eignen sich permanentmagneterregte Generatoren. Sie haben fest eingebaute Magneten und brauchen daher keinen Erregerstrom. Nach diesem Prinzip arbeiten z.B. auch die Fahrraddynamos. Leider sind solche Generatoren in

11.1
Die Fa. A. Harbarth (78357 Mühlingen) bietet einen Permanetmagnet-Generator für 12 und 24 Volt an.

der Leistungsklasse 100 bis 1.000 Watt gebraucht kaum zu bekommen und beim Neukauf sehr teuer.

Ich selbst habe bisher nur wenige Erfahrungen mit Permanentmagnetgeneratoren machen können, da mir einfach das Geld für umfangreichere Versuche fehlte. Bisher habe ich hauptsächlich mit Generatoren der Firma AeroCraft experimentieren können, die 500 bzw. 750 W bei 24 V liefern. Nach meinen Messergebnissen sind diese Generatoren überraschend gut. Ihr Wirkungsgrad ist gegenüber Lichtmaschinen sehr viel besser, so dass ich bei zukünftigen Bauprojekten mehr mit solchen Generatoren arbeiten möchte.

11.2
Aerocraft-Generator 500 W / 12 V, mit Fliehkraftregelung.

12 Getriebe

Fast alle käuflichen Kleinwindanlagen verzichten auf Getriebe und setzen relativ teure Permanentmagnetgeneratoren ein. Beim Selbstbau und kleinem Geldbeutel sind einfache Generatoren oder Lichtmaschinen mit einem Getriebe dagegen häufig zu finden. Für die notwendige Drehzahl-Übersetzung gibt es natürlich die „richtigen" und ebenfalls sehr teueren Aufsatz- oder Vorbau-Getriebe. Für die Leistungsklasse zwischen 500 und 1.000 $Watt_{el}$ sind mir allerdings keine brauchbaren Getriebe bekannt, die auch noch bezahlbar wären.

Am einfachsten sind Übersetzungen mit zwei Riemenscheiben; so lassen sich z.B. aus gebrauchten KFZ-Keilriemenscheiben fast beliebige Übersetzungen konstruieren. Sie sind sehr preisgünstig und die passenden Keilriemen sind im Baumarkt oder KFZ-Zubehörhandel leicht zu bekommen.

Leider haben diese Keilriemen einen gravierenden Nachteil: Sie übertragen ihre Kraft durch das Einklemmen des Riemens in die Nut der Scheibe, wodurch viel Energie nutzlos verloren geht, die das Windrad aber produzieren muss. Auch beim Anlauf muss dieser Widerstand zunächst überwunden werden.

Erheblich effektiver ist daher die Verwendung von Zahnriemen mit den dazu passenden Zahnscheiben. Diese sind zwar gebraucht nicht ganz so leicht zu bekommen, aber es gibt sie ebenfalls in neueren Autos und die Zahnriemen sind auch im Zubehörhandel zu bekommen.

Grundsätzlich empfiehlt es sich, für beide Riemen-Varianten möglichst große Scheiben zu verwenden. Je kleiner eine Scheibe ist, desto stärker muss der Riemen gebogen werden, was zusätzlich Energie kostet und auch mehr Verschleiß bringt.

13 Regelsysteme

Bei den Regelsystemen muss unterschieden werden zwischen Reglern, die ausschließlich für die Überwachung der Batterien konstruiert wurden, und solchen, die auch die Windanlage steuern bzw. regeln können. Unabhängig von Typ und Bauart sollte der Regler möglichst genau an die Windkraftanlage angepasst sein, um unnötige Leistungsverluste und Schäden zu verhindern.

Bei selbstgebauten Anlagen, in denen eine Auto-Lichtmaschine als Generator zum Einsatz kommt, liegt es nahe, auch den im KFZ genutzten Regler zu verwenden. Meine Beobachtungen und Messungen haben jedoch gezeigt, dass solch ein Regler nicht sinnvoll mit dem Wind und dem Windrad kooperieren kann. Selbst im Auto ist der herkömmliche Regler für die Erhaltung der Batterie eigentlich wenig geeignet. Sobald die Lichtmaschine die Mindest-Drehzahl erreicht, schalten die meisten Regler die volle Spannung auf die Erregerwicklung des Generators, so dass die Lichtmaschine schlagartig Leistung produziert und den Antrieb belastet. Der Regler kann nun den Erregerstrom je nach Ladezustand des Akkus und je nach Strombedarf im Auto einige Male in der Sekunde an- und ausschalten, um die Akkuspannung einigermaßen konstant zu halten. Dabei wird die Batterie immer wieder mit hohen Ladestrom-Impulsen belastet. Es bekäme ihr aber wesentlich besser, wenn sie langsam und gleichmäßig geladen würde.

Am Windrad mit einer Auto-Lichtmaschine als Generator würde so ein Regler nun, wenn er bei mäßiger Windgeschwindigkeit und leeren Batterien den Generator einschaltet, den Rotor schlagartig belasten und überfordern. Der belastete Generator „würgt" den Rotor praktisch ab. Die Konsequenz: die Rotordrehzahl geht schlagartig zurück, der Regler schaltet ab und der Rotor kommt danach erst langsam wieder auf Touren.

Ein weiterer unangenehmer Effekt solcher Regler ist das „Leerlaufen" des Rotors bei vollen Batterien, weil der Regler in diesem Fall die Erregerwicklung und damit die Stromproduktion abschaltet. Bei Sturm kommt der unbelastete Rotor auf Drehzahlen von weit über 1.000 U/min, bevor die Sturmsicherung reagiert. Die bei solchen Drehzahlen auftretenden Fliehkräf-

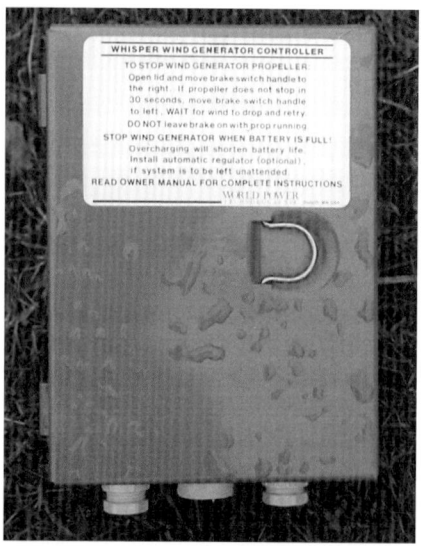

13.1
Älterer und sehr einfacher Regler für eine Wisper 600.

te können den Rotor schwer beschädigen, ja sogar förmlich zerreißen.

Für unsere Zwecke brauchbare Laderegler müssen also dafür sorgen, dass die Windanlage bei Sturm oder fehlender Nutzlast (z.B. volle Batterien) nicht in den Leerlauf gerät; sie schalten dann z.B. auf eine Ersatzlast um. Das können einfache Heizwiderstände, im einfachsten Fall aber auch Glühbirnen sein. Manche Regler schalten den Generator einfach kurz und bremsen die Anlage dadurch fast bis zum Stillstand ab.

Bessere Laderegler können diese Ab- oder Umschaltung auch noch in weichen Stufen bewerkstelligen und messen obendrein die Temperatur der Batterien, so dass deren Ladeschlussspannung wirklich optimal eingehalten wird. Die richtig guten, aber leider auch teuren Laderegler schützen die Batterie nicht nur vor der Überladung nach dem oben beschriebenen „weichen" Verfahren, sondern zusätzlich auch noch vor Tiefentladung durch die angeschlossenen Verbraucher.

Für den Schutz der Batterie gegen Überspannung und Tiefentladung habe ich sehr gute Erfahrungen mit einer kleinen und sehr günstigen elektronische Steuerung der Firma Conrad Elektronik gemacht. Diese Universalsteuerung (vgl. Abb. 9.1) vergleicht die Batteriespannung mit zwei variabel einstellbaren Spannungsschwellen für Maximum und Minimum und steuert entsprechend kleine Relais an. Ich habe die Relais gegen sehr leistungsstarke Typen ausgetauscht und konnte so nach Bedarf Verbraucher abschalten oder bei vollen Batterien zum Schutz meiner Windanlage auch Heizmatten einschalten.

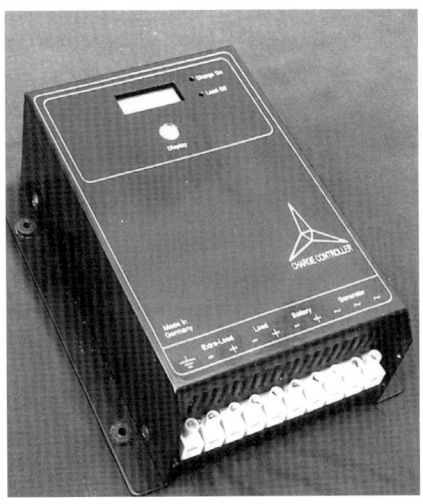

13.2
Ein Laderegler der Firma AeroCraft. Statt kompletter Abschaltung bei vollen Batterien bremst der Regler durch interne Last die Anlage etwas ab und kann zusätzlich einen direkten Verbraucher (z.B. Heizstab) hinzuschalten. Auf dem Display können diverse Messdaten abgerufen werden.

14 Die Selbstbauanlage ELWI 2

14.1 Konzeption und Technik

ELWI 2 ist eine kleine Windkraftanlage zur Stromerzeugung mit 2,2 m Rotordurchmesser und einer Leistung von etwa 300 Watt bei 10 m/s Windgeschwindigkeit. Es wurde eine einfache und robuste Konstruktion gewählt, bei der Bauaufwand und Anlagenleistung in einem guten Verhältnis zueinander stehen. Die Anlage dient zur Ladung von Akkus (je nach Generator mit 12 oder 24 Volt) und kann z.B. zur elektrischen Versorgung von Garten- oder Wochenendhäusern dienen oder als Ergänzung in einer kleineren solaren Stromversorgungsanlage eingesetzt werden.

Der Generator wird von einem zweiblättrigen Holzrotor über ein einstufiges Getriebe mittels Zahnriemen angetrieben. Die Drehrichtung ist von vorn auf das Windrad gesehen im Uhrzeigersinn.

14.2 Generatoren

Bei der ELWI 2 habe ich mit verschiedenen Auto-Lichtmaschinen experimentiert. Die besten Erfahrungen habe ich mit französischen Auto-Lichtmaschinen von Ducellier gemacht. Diese Wechselstromgeneratoren sind noch in älteren Autos von Citroën zu finden und haben je nach Typ unterschiedliche Leistungen. Die besten Ergebnisse brachte bei meinen Versuchen die Lichtmaschine aus einer „Ente", die bereits bei ca. 800 U/min zu laden beginnt.

Ich möchte hier keine bestimmte Lichtmaschine oder Generator für den Bau vorschreiben. Natürlich ist es auch möglich, 24 Volt-Generatoren zu verwenden. Die Übersetzung des Riemengetriebes ist in den Zeichnungen allerdings auf die „Enten"-Lichtmaschine von Ducellier abgestimmt, die ich in meine Anlage eingebaut habe. Wenn Sie einen anderen Generator bekommen oder kaufen können, sollten Sie diesen unbedingt – sofern Sie die Möglichkeit dazu haben – vor dem Einbau testen und seine Mindest-Drehzahl ausmessen. So können Sie Ihre ELWI 2 gegebenenfalls noch durch Ändern des Übersetzungsverhältnisses optimieren und an den Generator anpassen. Das Ausmessen erfolgt am besten auf einer Drehbank oder behelfsmäßig mit einer starken Bohrmaschine. Als Alternative zu gebrauchten Lichtmaschinen sind u.U. auch Permanentmagnetgeneratoren einen in der Regel kostspieligeren Versuch wert.

14.3 Regler und Winddruckschalter

Anstelle des Reglers für die Erregerwicklung habe ich bei ELWI 2 einen Winddruckschalter verwendet. Er besteht aus einem Cherryschalter (Abb. 14.1) mit hoher Kontaktbelastbarkeit, an dessen Federhebel eine kleine Stauplatte festgenietet wurde. Der Wind selbst betätigt nun den Schalter durch entsprechenden Staudruck auf die Platte. Der große Vorteil dieser Anordnung liegt in der automatischen Erregung der Lichtmaschine. Der Strom durch die Erregerwicklung muss bei Flauten nicht mehr von Hand abgeschaltet werden. Durch eine entsprechende Neigung des Schalters lässt sich die Schaltschwelle ziemlich exakt einstellen. Mit Winddruckschaltern wurden ganz unterschiedliche Erfahrungen gemacht, denn sie haben leider auch Nachteile. Zum einen verbrennen die Kontakte des Schalters auf Dauer, so dass Sie ihn wahrscheinlich etwa einmal im Jahr auswechseln müssen. Zum Glück sind sie recht billig in Elektronikläden zu bekommen (je nach Ausführung 3 - 5 €). Ich habe auch mit kleinen Quecksilberschaltern experimentiert, die es ebenfalls in der notwendigen leistungsstarken Ausführung gibt. Hier schaltet das Quecksilber in einem luftleeren Glasröhrchen zwar verschleißfrei und ohne dass Kontakte verbrennen, aber mit dem hochgiftigen Quecksilber habe ich mich nie anfreunden können, und so blieb es bei den Cherryschaltern.

Ein weiterer Nachteil ist, dass der Winddruckschalter die Erregung nicht immer im richtigen Moment einschaltet, denn der Schalter reagiert auf eine Böe viel schneller als der Rotor. Die Erregung erfolgt schon, bevor der Rotor auf Touren gekommen ist. Dieser Nachteil wird etwas ausgeglichen, wenn der Winddruckschalter im Windschatten des Rotors in der Nähe der Nabe montiert wird.

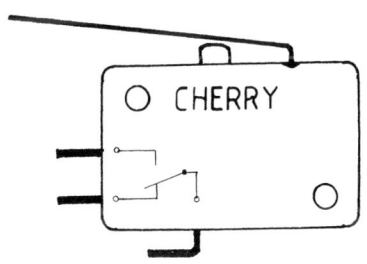

14.1
So sieht der Cherryschalter aus, den ich für den Bau des Winddruckschalters verwendet habe.

14.4 Bremse und Sturmsicherung

Die Funktion der Sturmsicherung sollte aus der Zeichnung (Abb. 14.2) deutlich werden, denn der Rotor steht nicht senkrecht über dem Mastlager, sondern ein wenig seitlich versetzt. Dadurch würde sich der Rotor bei dem kleinsten Winddruck aus dem Wind drehen. Dies verhindert die Windfahne, die an einem Scharnier befestigt ist und durch eine Feder in leicht schräger Position gehalten wird. Mit zunehmender Windgeschwindigkeit steigt der Winddruck auf den Rotor. Wird ein gewisser Schwellenwert, der durch die Fläche der Fahne und die Stärke der Feder eingestellt werden kann, überschritten, so wird der Rotor aus dem Wind gedrückt, während die Fahne im Wind bleibt. Lässt der Winddruck wieder nach, federt der Kopf zurück in den Wind.

Über die Art und Stärke der Feder kann ich hier nur vage Angaben machen. Die von mir eingesetzte Feder stammt aus dem Landmaschinenhandel (Treckerwerkstatt). Es ist eine Stahlfeder mit einem Durchmesser von 1,5 cm, deren Wicklungskörper etwa 6 cm lang ist. Die Spannkraft würde ich laienhaft als „mittelschwach" bezeichnen. Das mag als Einstufung reichlich mäßig klingen, aber es war die einzige Feder, die irgendwo übrig geblieben war und mich nur ein „Dankeschön" gekostet hat.

Der große Vorteil dieser Sturmsicherung ist, dass sich der Rotor immer dann aus dem Wind dreht, wenn er überfordert wird. Bei richtiger Bemessung von Fahne und Feder lässt sich erreichen, dass der Rotor bei stärkeren Winden (< 12 m/s Windgeschwindigkeit) nur teilweise aus dem Wind schwenkt und ihm dadurch weniger Angriffsfläche bietet, so dass die Anlage genau an der Leistungsgrenze bleibt und weiter Strom erzeugt. Die Schwelle, bei der der Rotorkopf beginnt sich aus

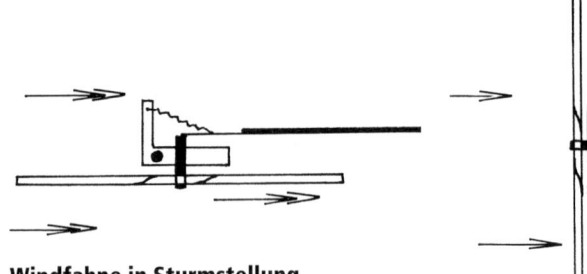
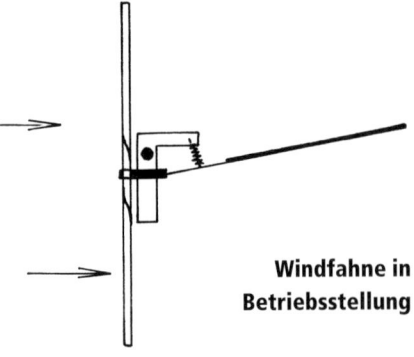

Windfahne in Sturmstellung

Windfahne in Betriebsstellung

14.2
Prinzip der Sturmsicherung durch ein versetzt angeordnetes Turmkopflager.
Wird der Winddruck auf die Rotorfläche zu groß, schwenkt der Rotor gegen den Federdruck um 90° aus dem Wind. Um diese Bremse bei Bedarf auch von Hand zu betätigen, kann die gelenkig aufgehängte Windfahne mittels Bowdenzug fast parallel zur Rotorebene geschwenkt werden, so dass sich der Rotor aus dem Wind dreht.

dem Wind zu drehen, lässt sich über die Vorspannung der Feder einstellen und muss durch Versuche festgelegt werden. Hier gilt: Lieber zu weich einstellen als zu hart!

Über ein im Mastrohr mittels Bowdenzug nach unten geführtes Stahlseil ist auch eine Notbremse realisiert. Durch Ziehen am Seil wird die Windfahne um 90° geschwenkt und steht dann fast parallel zur Rotorebene. Dadurch wird der Rotor aus dem Wind gedreht, er bleibt dann nach kurzer Zeit stehen. Auf diese Weise kann der Rotor für Kontroll- und Wartungsarbeiten sowie bei Sturmwarnung angehalten werden. Der Bowdenzug wird in Höhe der Feder mit einem starken Schlüsselring an der Windfahne befestigt und durch eine 5 mm-Bohrung im Rahmen (vgl. Abb. 15.17a) geführt. Der Außenzug wird mittels Bremsseilspanner (Fahrradzubehör) zwischen dem Rahmen des Rotorkopfes (Abb. 15.17a) und den Winkeln (Abb. 15.21) befestigt.

Durch den ungünstigen Betätigungswinkel des Bremszuges am Rotorkopf lässt er sich nur recht schwer bedienen. Ein großzügig bemessener Betätigungshebel am Mastfuß würde die Bedienung vereinfachen, doch habe ich bisher auf ihn verzichtet, da die Bremse bei mir nur für tatsächliche Notfälle vorgesehen ist und zum Glück noch nicht gebraucht wurde. ELWI überstand auch schon Windböen mit weit über 20 m/s ohne Schaden.

14.5 Kosten

Es ist für mich einigermaßen schwierig, die gesamten Baukosten für die ELWI 2 genau anzugeben. Häufig fand ich als langjähriger Bastler passende Schrauben oder Eisenteile in meinem umfangreichen Lager, oder ich kannte jemanden, der wiederum jemanden kannte, der das eine oder andere günstig organisieren konnte. Wer kostengünstig bauen will, sollte versuchen, möglichst viele Teile gebraucht zu besorgen, und dann die angegebenen Maße an die vorhandenen Materialien anpassen. Auf diese Weise kann sehr viel Geld eingespart werden.

Materialkosten (Schätzwerte)
- Mastrohr (6 m) 100 €
- Stahl (Rohre, Stangen, Bleche) 80 €
- Seile und Zubehör 80 €
- Kugellager 50 €
- Schrauben, Muttern, Scheiben 40 €
- Flachriemen 30 €
- Holz für den Rotor 40 €
- Teile für die Elektrik 40 €
- Farbe und Kleinkram 40 €

Gesamt ca. **500 €**

In dieser Kalkulation ist der Generator nicht enthalten. Bei Neuanschaffung müssten für einen permanenterregten Generator zusätzlich etwa 400 € veranschlagt werden. Allerdings sind Autolichtmaschinen auf fast jedem Schrottplatz zu bekommen und belasten in diesem Fall das Budget nur mit ca. 50 bis 100 €.

Dies waren die reinen Materialkosten! Bei den anfallenden Arbeitskosten wird es nun noch schwieriger. Die eigene Arbeit ist sowieso nur auf das Konto „Hobby" zu buchen. In der Regel sind jedoch auch einige Schweißarbeiten an den Schlosser zu vergeben und etliche Drehteile bei einem versierten Dreher zu bestellen, es sei denn, Sie können alle Arbeiten selbst ausführen.

Teuer kann es werden, wenn Sie ca. 10 – 15 Arbeitsstunden für die Dreh- und Fräsarbeiten bezahlen müssen. Versuchen Sie, über Freunde oder Bekannte an einen Dreher zu kommen, der Ihnen in seiner Freizeit diese Teile fertigt. Eine andere Möglichkeit sind die berufsbildenden Schulen. Im Fachbereich Metall wird die meiste Zeit zur Übung geschweißt, gedreht und gefräst, um die gefertigten Teile anschließend in den Schrottcontainer zu werfen, weil sie kein Mensch gebrauchen kann. Ich habe hier ein wenig Unterstützung für mein Anliegen finden können, wobei die Schüler und auch die Lehrer sehr froh waren, etwas wirklich Nützliches zu produzieren. Auf diese Weise hatte ich nur die Materialkosten und eine Spende für die Klassenkasse zu tragen.

Für die Schweiß- und Schlosserarbeiten ist etwa eine Stunde zu kalkulieren, vorausgesetzt, Sie haben bereits alle Eisenteile fertig zugeschnitten und vorbereitet. Falls auch dieses noch vom Schlosser gemacht werden muss, sollten etwa fünf bis zehn Arbeitsstunden veranschlagt werden.

14.3
Die Drehteile, die für den Bau der ELWI 2 gebraucht werden.
Links im Bild der äußere Teil des Zapfenlagers mit den dazugehörigen Kugellagern.
In der Mitte die beiden Zahnriemenscheiben mit Zahnriemen.
In der Mitte oben die Rotornabe mit eingesetzten Lagern, davor die Befestigungsscheibe für den Rotor und die Scheiben für die Welle.
Ganz rechts im Bild die Rotorachse, die am Rahmen des Turmkopfes festgeschweißt wird, mit dem Gelenk für die Windfahne, davor der innere Teil des Turmkopflagers, der ebenfalls mit dem Rahmen verschweißt wird.

15 Bauanleitung mit Konstruktionszeichnungen

Wer sich an den Nachbau des Windrades machen will, sollte die folgenden Abschnitte genau durchlesen. Auf jeden Fall lässt sich der eine oder andere Euro sparen, wenn die einzelnen Bauteile im Voraus genauestens gesichtet und die Maße auf ihre Übereinstimmung überprüft werden.

In den folgenden Zeichnungen sind alle Einzelteile aufgeführt und mit den Größenangaben versehen. Natürlich können Sie sich bei den einzelnen Stücken an vorhandenen Gebrauchtteilen orientieren.

Wenn Sie z.B. einen Mast sehr billig bekommen können, der andere Maße besitzt als in der Zeichnung angegeben, müssen Sie lediglich das Zapfenlager an die erforderliche Größe anpassen. Aber Achtung! Entfernen Sie sich nicht zu weit von den angegebenen Maßen!

Grundsätzlich ist noch einmal zu betonen, dass eine Windkraftanlage sehr hohe Ansprüche an Arbeit und Sorgfalt der ErbauerInnen stellt. Präzision ist bei allen Bauteilen oberstes Gebot. Auch ein bisschen Pedanterie ist hier ganz brauchbar und angemessen.

15.1: Die fertig montierte ELWI 2 auf dem Stahlrohrmast

Zu den Zeichnungen möchte ich noch anmerken, dass ich nicht viel Übung im technischen Zeichnen habe. Wenn sie nicht den üblichen DIN-Anforderungen standhalten sollten, so sehen Sie mir dies bitte nach. Alle Maßangaben wurden so genau wie möglich gemacht. Im folgenden werde ich nun die einzelnen Bauteile und ihren Zusammenbau beschreiben, sofern das nicht aus den Zeichnungen und den Fotos selbst klar wird.

15.1 Der Mast

Der 6 m lange Mast aus Stahlrohr (Abb. 15.2) wird mit drei Seilen gegen den Boden abgespannt. Die Spannseile werden mittels Erdanker in einem Radius von 3 m um den Mast im Boden verankert. Zwischen den Drahtseilen und den Erdankern sind jeweils ca. 40 cm lange Nylonseile mit mindestens 10 mm Durchmesser zu spannen. Sie können die noch auftretenden Vibrationen zum Teil dämpfen. Die obere Halterung (Abb. 15.3 und 15.4) für die Abspannung sollte in 4,5 m Höhe angebracht werden. Die Seile werden über Seilspanner mit einem Zug von etwa 50 kg vorgespannt.

In 2,40 m Höhe muss ein Loch gebohrt werden, durch das der Bremszug geführt wird. Die Bohrung sollte so schräg wie eben möglich von unten nach oben gebohrt werden, damit das Bremsseil nicht zu stark gebogen werden muß. Etwa 50 cm tiefer wird ein Loch benötigt, um das Bremsseil (bzw. den Rotor) mittels Haken in der Parkposition zu halten.

Für die spätere Montage des Rotorkopfes auf dem Mast hat es sich als sinnvoll erwiesen, vor dem Aufstellen ein dünnes Seil von der Bremsseilbohrung zum Mastkopf zu ziehen und oben heraushängen zu lassen. Dadurch lässt sich das spätere Durchziehen des Bremsseils erheblich vereinfachen.

Für die Kabeldurchführung wird in ca. 80 cm Höhe ein Loch gebohrt. Es sollte ausreichend groß sein, damit sich bei den Montagearbeiten die Kabel bequem durchziehen lassen, ohne dass sie beschädigt werden. Die Kanten dieser Bohrung müssen unbedingt rund und glatt gefeilt werden.

Schleifringe zur verdrehungsfreien Stromführung sind bei kleinen selbstgebauten Windanlagen zwar nicht überflüssig, aber nach meiner Erfahrung auch nicht zwingend notwendig. Das Stromkabel wird einfach von oben durch das Zapfenlager im Mastrohr heruntergeführt. Der ganze Rotorkopf dreht sich bei sehr guten Standorten (wenn überhaupt) innerhalb eines Jahres vielleicht fünfmal um die eigene Achse. Bei schlechteren Standorten mit starken Verwirbelungen durch Hindernisse kann es schon zu wesentlich mehr Verdrehungen kommen, aber auch hier hat der technische Aufwand für die Schleifringe und die Stromabnehmer kein gutes Verhältnis zu deren Vorteilen. Bei den meisten käuflich zu erwerbenden Klein-

15.2 Der Stahlrohrmast mit Seilabspannung

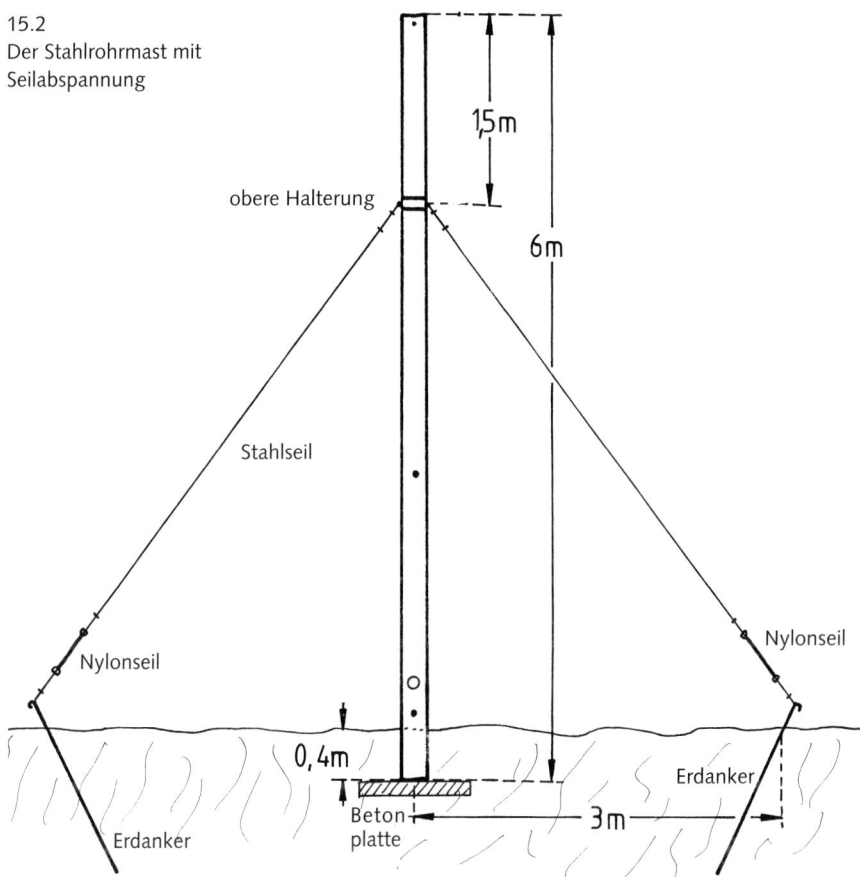

windanlagen werden Schleifringe eingesetzt, da sie kostengünstig industriell gefertigt werden können. Nicht selten sind aber gerade sie es, die Störungen verursachen. Beim Selbstbau sind Schleifringe eine zusätzliche Risikoquelle und bringen weitere Übertragungsverluste.

In etwa 50 cm Höhe fehlt jetzt noch ein M10-Gewinde für die Blitzschutzleitung. Da das Rohr recht dünnwandig ist und einem Gewinde nicht viel Platz bietet, empfiehlt es sich, eine M10-Mutter über das Loch zu schweißen.

Um den Mast weiter zu bearbeiten, wird das Zapfenlager (Abb. 15.5 und 15.6) benötigt. Falls Sie sich ein Rohr besorgt haben, das andere Maße besitzt als angegeben, müssen Sie die Maße am Zapfenlager anpassen.

Das Zapfenlager wird später in das Rohrende geschoben und mit vier Schrauben befestigt. Hier müssen vier Löcher durch den Mast gebohrt und in das Zapfenlager vier M8-Gewinde geschnitten werden. Damit die Lage von Bohrungen und Gewinde genau übereinstimmen, wird das

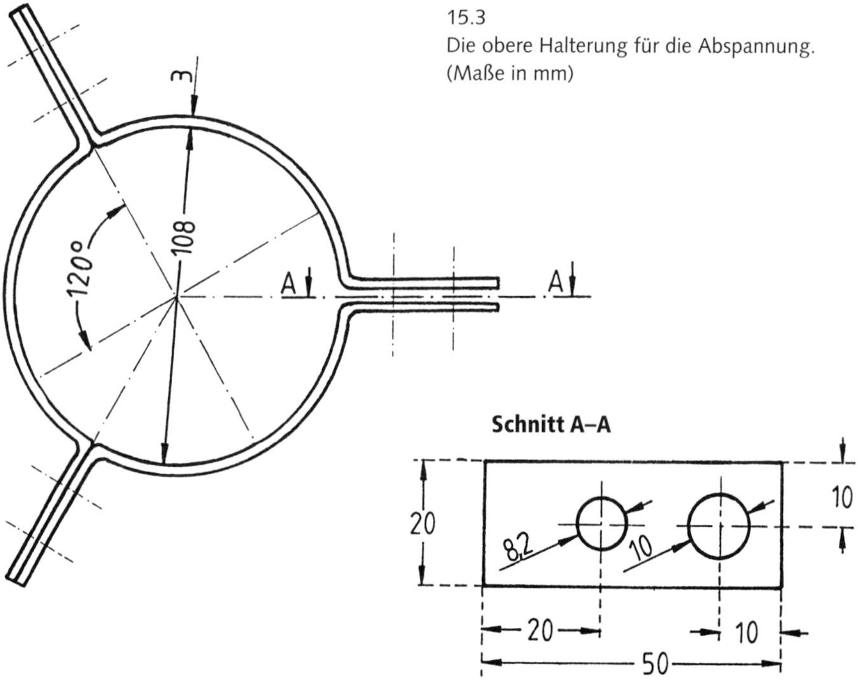

15.3
Die obere Halterung für die Abspannung.
(Maße in mm)

15.4: Die obere Halterung für die Abspannung mit eingezogenen Seilkauschen.

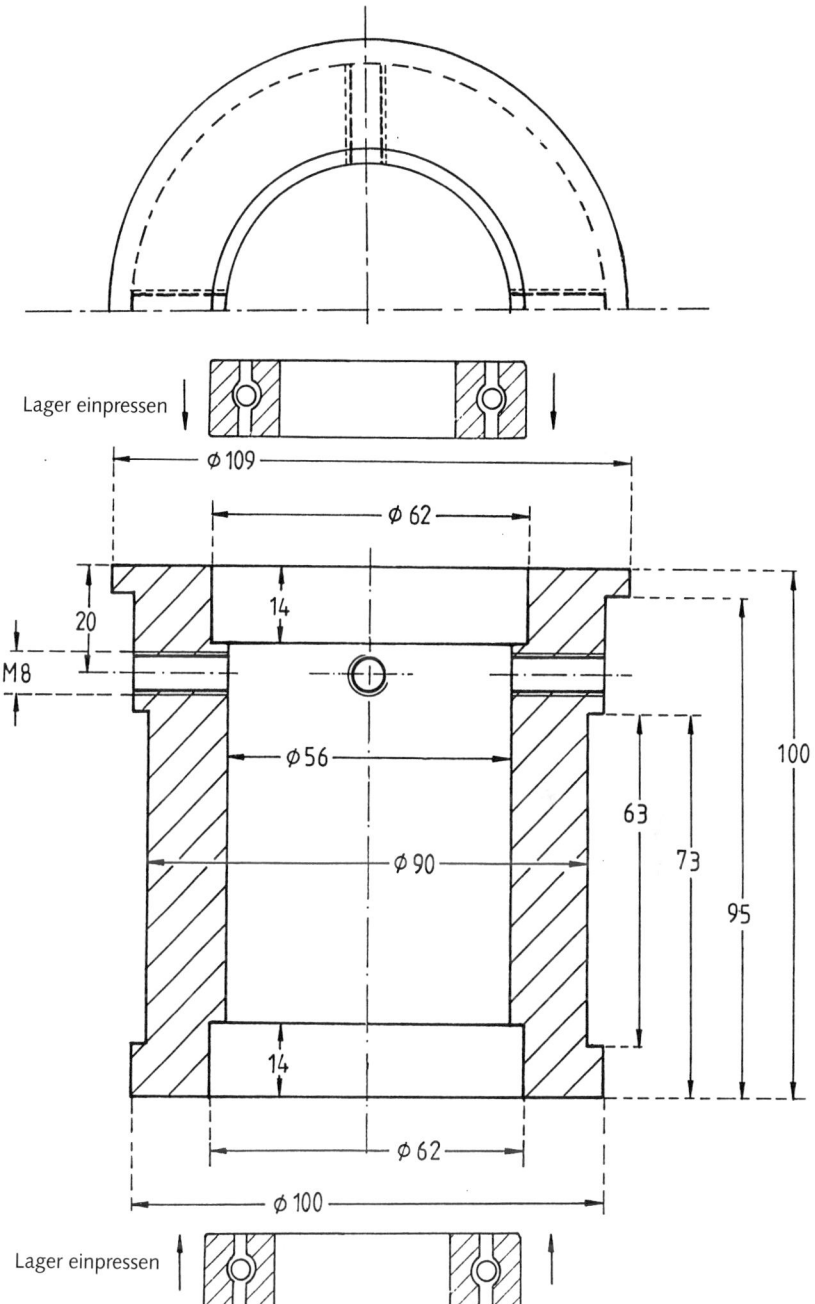

15.5
Dieser äußere Teil des Zapfenlagers (Turmkopflager) muss in das Mastrohr (100 mm Innendurchmesser) passen. (Maße in mm)

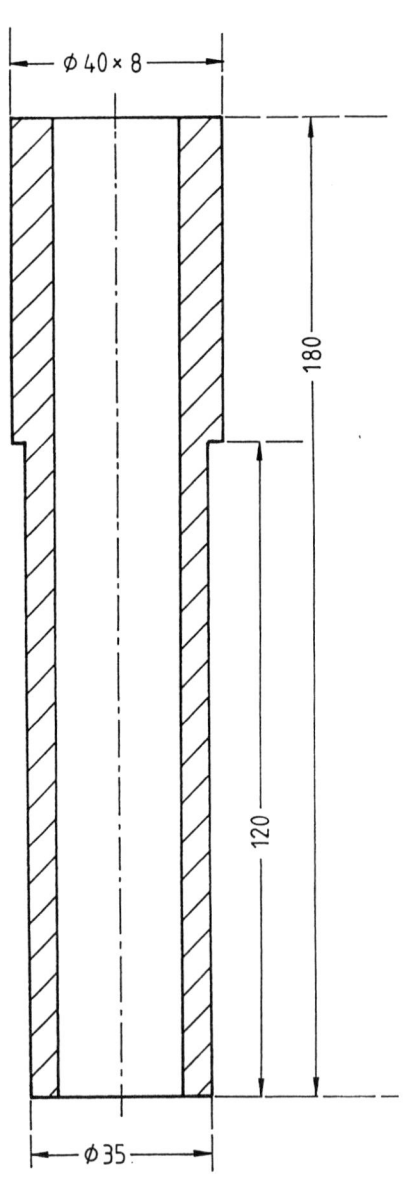

15.6
Dieser Zapfen wird in die Kugellager des Zapfenlagers gesteckt und oben mit dem Rotorkopf (Stahlrahmen) verschweißt.
(Maße in mm)

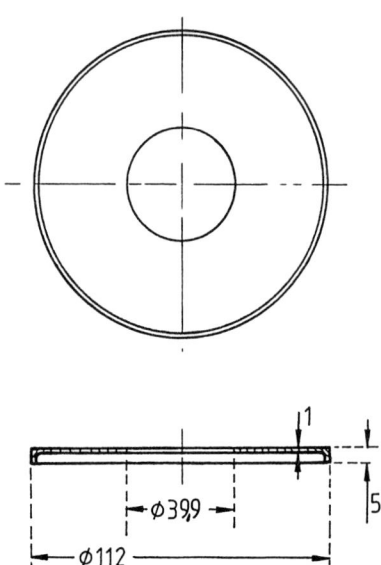

15.7
Obere Abdeckscheibe für das Zapfenlager.
(Maße in mm)

Zapfenlager in das Rohr geschoben, zuerst mit einem 3 mm Bohrer vorgebohrt, am Zapfenlager angezeichnet und erst dann am Mast auf 8,2 mm aufgebohrt. Ganz zum Schluss werden die M8-Gewinde ins das Zapfenlager geschnitten.

Bevor der Mast aufgestellt werden kann, muss ein ca. 40 cm tiefes Loch gegraben werden. In das Loch wird eine kleine Betonplatte gelegt. Hier reicht eine kräftige Gehwegplatte aus, die verhindern soll, dass der Mast durch Vibrationen in den Erdboden versinkt.

15.2 Der Rotor

Diesem Bauteil ist besondere Aufmerksamkeit zu schenken. Hier muss mit allergrößter Sorgfalt gearbeitet werden – lieber zweimal zuviel nachmessen und wiegen als einmal zu wenig!
Mit der sorgfältigen Auswahl des Holzes wird schon festgelegt, wie gut der Rotor am Ende gelingt und wie lange er halten wird. Gönnen Sie sich bei der Auswahl viel Zeit, Geduld und Ruhe. Das Holz muss fest und zäh sein und darf möglichst wenig arbeiten. Das Wichtigste ist ein absolut gleichmäßiger Wuchs; die Holzfaser sollte die ganze Bohle durchziehen, einerseits, damit der Rotor später nicht bei hohen Belastungen bricht, und andererseits, damit die Gewichtsverteilung innerhalb der Bohle möglichst gleichmäßig bleibt. Die Jahresringe sollten möglichst schmal und gleichmäßig sein und senkrecht in der Bohle stehen.
Wegen der sehr hohen Drehzahlen sollte das Holz obendrein möglichst leicht sein, damit die Fliehkräfte an den Flügeln nicht zu groß werden. Harthölzer wie Buche oder Eiche eignen sich nicht, da sie zu schwer und zu spröde sind. Eschenholz wäre eine sehr gute Wahl, aber leider ist eine gut abgelagerte Eschenbohle oft schlecht zu bekommen und nicht billig. Brauchbare Ergebnisse lassen sich auch mit dreifach wetterfest verleimtem Kiefern- oder Fichtenholz erzielen. Nach meiner Erfahrung können dafür sogar gesunde und trockene Fußbodendielen aus Abbruchhäusern verwendet werden, da dieses Holz mit Sicherheit gut abgelagert ist und sich kaum mehr verzieht. Sie müssen auf die richtige Dicke gehobelt und wasserfest verleimt werden.
Sehr gute Erfahrungen habe ich mit einem leider nicht heimischen Holz gemacht. Es heißt Niangon und wird von einigen Firmen unserer Gegend zur Herstellung von Fensterrahmen verwendet. Es ist der heimischen Esche sehr ähnlich. Der Rotor hat später einen Durchmesser von 2,2 Metern, die Bohle sollte jedoch vorerst auf 2,4 m Länge zugeschnitten werden, damit das Blatt beim Bearbeiten mit kräftigen Schraubzwingen an beiden Enden auf der Arbeitsplatte gehalten werden kann. Wenn Sie die Bohle auf die Maße 15 cm · 240 cm · 4 cm abgerichtet haben, sollten Sie eine Zentrierbohrung von 4 mm in der Mitte anbringen und das erste Mal den Rotor auf die Gewichtsverteilung kontrollieren. Ein langer, schlanker und polierter Schraubendreher, wie ein Nagel durch ein Brett gesteckt, leistet beim Auswiegen wertvolle Hilfe.
Nun werden die beiden Rotorspitzen, wie in der Zeichnung (Abb. 15.11) angegeben, verjüngt. Vergessen Sie nicht, nach jedem Arbeitsgang, den Rotor auszuwiegen und auszugleichen!!! Die Profilschablonen sind im Maßstab 1:1 gezeichnet. Sie sollten die Schablonen (Abb. 15.11) jeweils zweimal auf starken Karton übertragen und durchnummerieren. Die beiden Schablonensätze werden einmal für die Vorder- und einmal für die Rückseite benötigt. Die Vorderseite (zum Wind gerichtet) hat das glatte Profil. Die Drehrichtung des Rotors ist in der Ansicht von vorn im Uhrzeigersinn.

15.8 *links*
Hobeln des Rotorblattes an meiner bescheidenen Werkbank.

15.9 *links unten*
Ein fertig gehobelter Versuchs-Rotor aus zwei miteinander verleimten Tannenbrettern.

15.10 *rechts unten*
Der Rotor nach der Lackierung.

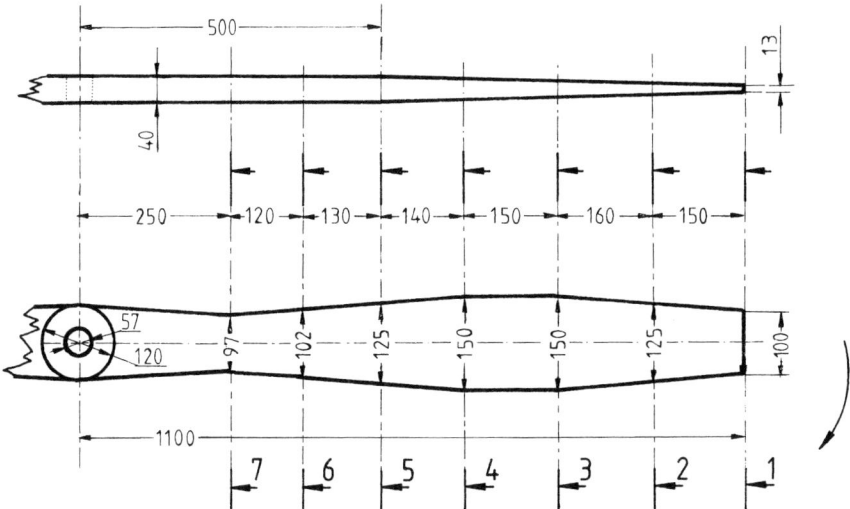

15.11: Abmessungen und Profilschnitte des Flügels (Alle Maße in mm).

Arbeiten Sie die Profile sehr genau heraus und messen Sie immer wieder nach. Etwas zuviel Abgehobeltes lässt sich nicht ersetzen! Sind alle Profile auf den Rotor übertragen, müssen vor allen weiteren Arbeiten die beiden überstehenden Spitzen gekürzt werden, so dass der Rotor jetzt den endgültigen Radius von 110 cm erhält.

Ist der Rotor komplett fertig gehobelt und geraspelt, muss geschliffen werden – beginnend mit einer 80er Körnung, dann mit 120er und 180er, bis schließlich mit der 240er Körnung das Holz fast glänzt und keine Schleifspuren mehr zu sehen sind.

Sie können den Rotor jetzt schon sehr vorsichtig testen, wenn Sie ihn auf einen Schraubendreher stecken und sich in den Wind stellen. Aber es ist größte Vorsicht geboten. Wenn er erst einmal zu schnell dreht, lässt er sich nicht mehr so leicht bremsen und Sie können sich bei diesem Versuch unter Umständen schwer verletzen!!!

Wenn alles zu Ihrer Zufriedenheit ausgewuchtet und ausgewogen ist, wird die dickere Kante (Hagelschlagkante) mit Glasfasergewebe und Polyesterharz beschichtet (Abb. 15.12). Die Profilschablonen berücksichtigen eine Glasfaserauflage von 3 x 0,2 mm. Um eine gute Verbindung zwischen Holz und Polyester zu erreichen, werden die betreffenden Flächen mit der Grundierung „G4" gründlich vorbehandelt (Bezugsquellen im Anhang). Die Grundierung bleibt etwa zwei Tage lang klebrig. In dieser Zeit sollte die Polyesterbeschichtung beendet sein.

Die drei Lagen Gewebe für jeden Flügel müssen schon zugeschnitten sein, bevor der Polyester angerührt wird. Denn ist der Polyester erst einmal angerührt, muss alles sehr schnell gehen und doch zugleich

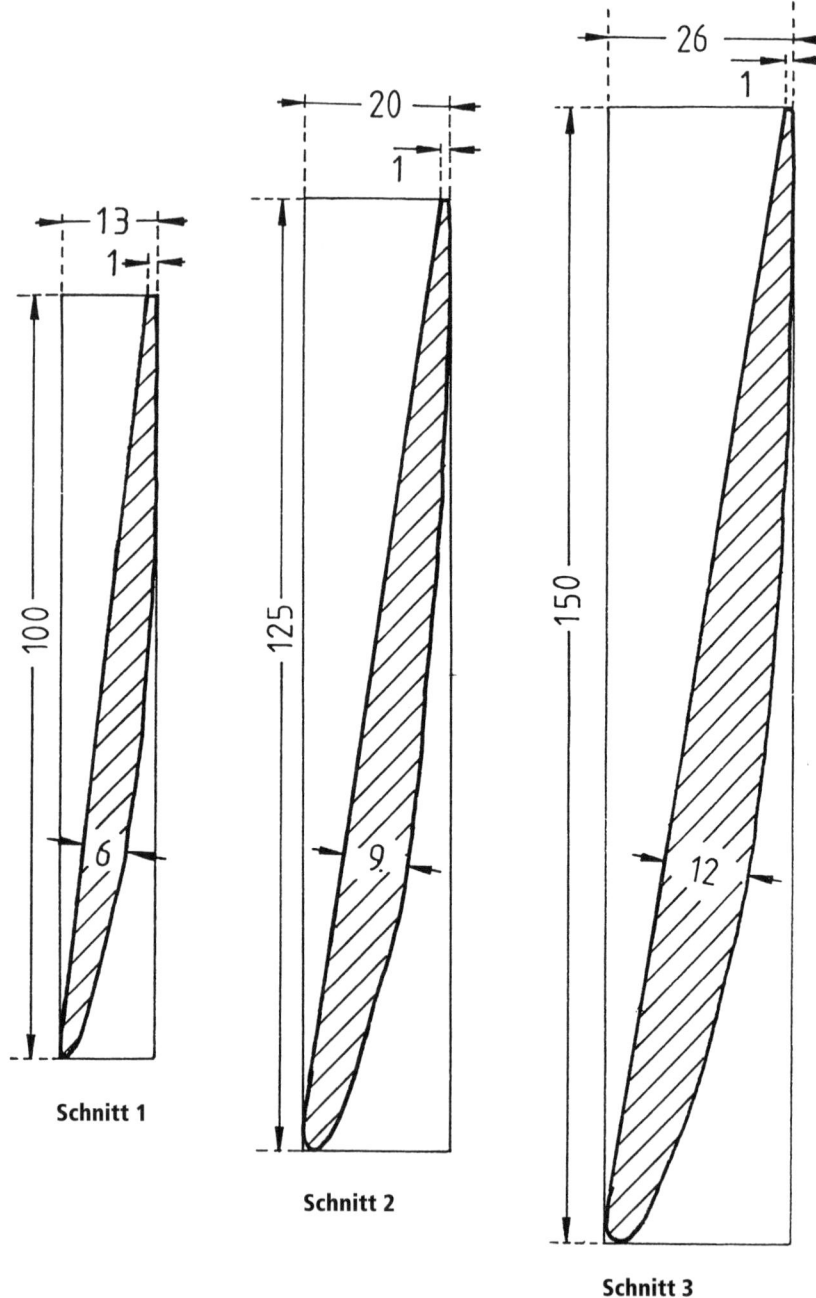

Schnitt 1

Schnitt 2

Schnitt 3

15.11 a : Das Profil des Flügels (Maßstab 1 : 1)

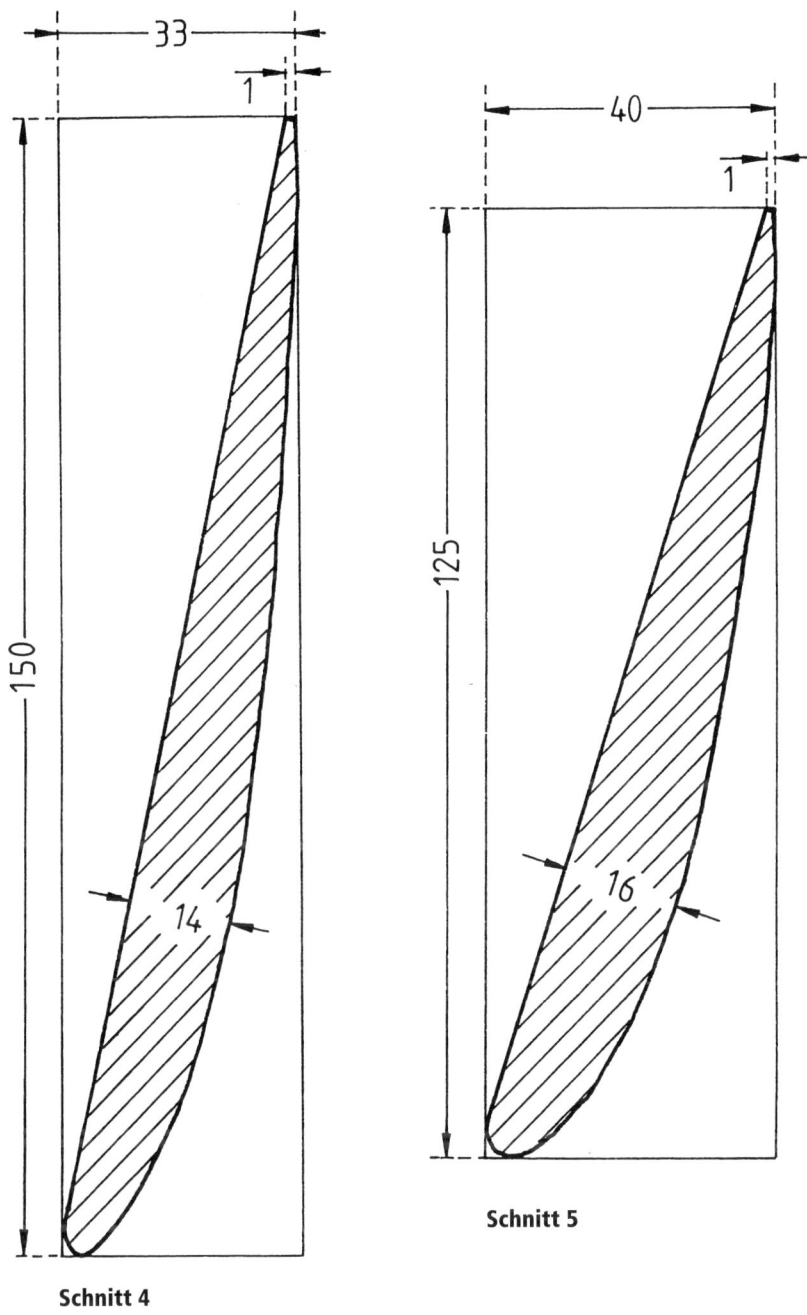

15.11 b : Das Profil des Flügels (Maßstab 1 : 1)

Schnitt 6

Schnitt 7

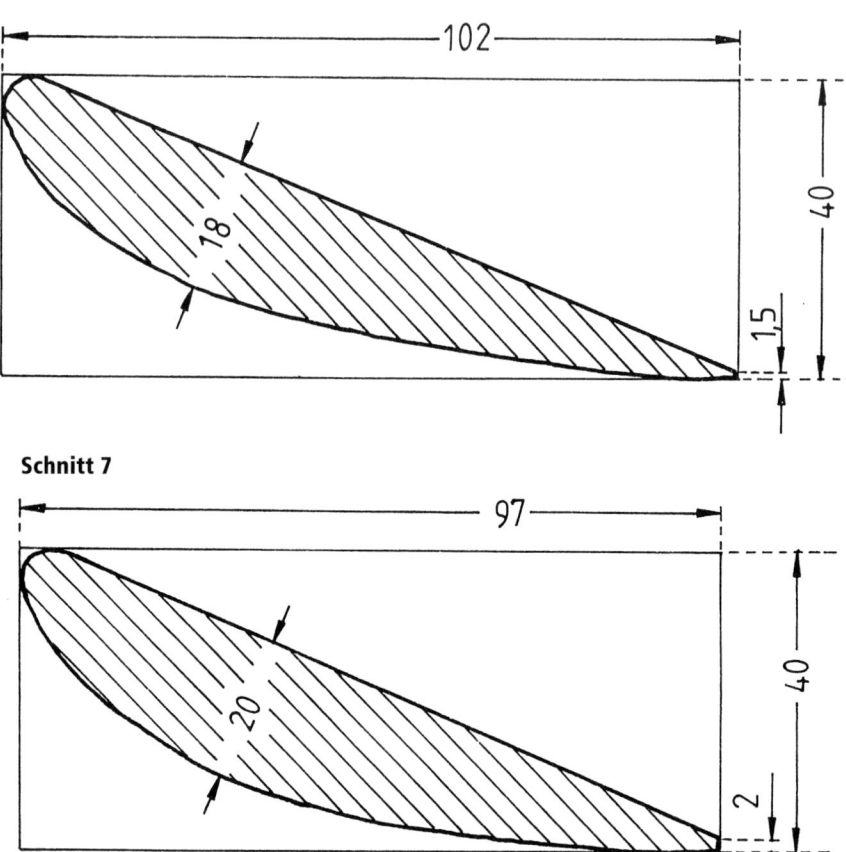

15.11 c: Das Profil des Flügels (Maßstab 1 : 1)

sehr exakt und sauber gearbeitet werden. Auf gar keinen Fall dürfen zwischen den Lagen Blasen eingeschlossen sein! Es ist ganz sinnvoll, diese Arbeit in mehreren Schritten auszuführen und nur jeweils kleinere Mengen Polyester anzurühren.

Nach dem Beschichten muss wieder alles geschliffen und ausgewogen werden. Sie können wirklich sehr stolz sein, wenn der Rotor auf dem polierten Schraubendreher steckt und sich ohne äußere Einwirkung in eine fast waagerechte Lage einpendelt. Wenn Sie eine Flügelspitze mit einem sehr kleinen Gewicht (z.B. einem verbogenen Nagel) von etwa zwei Gramm belasten, müsste sich der Rotor bis fast in die Senkrechte bewegen.

Schließlich muss das Loch für die Windflügelnabe (Abb. 15.11) gebohrt werden. Stecken Sie einen kleinen Holzdübel in die Zentrierbohrung und ziehen Sie mit einem Zirkel einen Radius von 28,5mm.

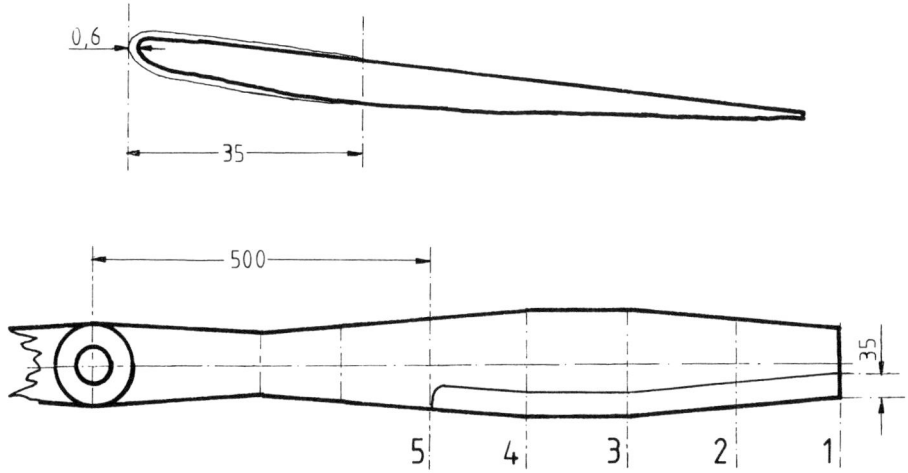

15.12
Im eingezeichneten Bereich (1 - 5) wird die vordere Flügelkante mit glasfaserverstärktem Kunststoff beschichtet. (Maße in mm)

Der gezeichnete Kreis ist zur Kontrolle gedacht beim Ansetzen der Lochsäge mit 57 mm Durchmesser; auf die Zentrierbohrung allein ist nicht soviel Verlass. Zum Festlegen und Ausführen der vier Bohrungen für die Nabenbefestigung wird die Nabe selbst einfach als Bohrlehre und Führung benutzt.

Als letzte Arbeit wird der Rotor gestrichen. Damit die Farbe auf dem Holz gut hält und eine glatte, wetterbeständige Schicht ergibt, sind mindestens zwei, besser drei Anstriche mit Zwischenschliff (240er Körnung) erforderlich. Für den ersten Anstrich wird der Farbe die gleiche Menge Verdünnung zugesetzt, damit sie gut in das Holz eindringt. Vor jedem weiteren Anstrich sollten Sie den Rotor erst wieder auswiegen. Minimale Gewichtsverschiebungen können am Ende durch eine hauchdünne Schlusslackierung korrigiert werden.

Es lohnt sich, bei der Auswahl der Farbe nicht nur auf den Preis zu achten, sondern nur Marken- bzw. Qualitätsfarben zu verwenden. Denn letztendlich entscheidet nicht nur die Verarbeitung, sondern auch die Qualität des Materials über die Lebensdauer Ihres Werkes.

> **Und noch ein wichtiger Hinweis:**
> Polyester bzw. dessen Dämpfe, die bei der Verarbeitung entstehen, sind sehr giftig und können Reizungen an Haut, Augen und Lunge verursachen!!!
> Arbeiten Sie nach Möglichkeit im Freien.

15.3 Der Rotorkopf

Der Aufbau des Rotorkopfes erfordert meines Erachtens kaum Erläuterungen. Aus den Zeichnungen und Fotos (Abb. 15.16 - 15.27) sollte deutlich werden, in welcher Lage und Position die Einzelteile montiert werden müssen. Nicht ganz einfach ist das saubere Verschweißen. Bei meiner Arbeit hat es sich als sinnvoll erwiesen, erst die beiden Winkeleisen (Abb. 15.17) untereinander und mit dem Lagerzapfen (Abb. 15.6) zu verschweißen, dann die Generatorplatte mit der Rotorachse (Abb. 15.18) und zum Schluss die beiden vormontierten Teile miteinander. Dadurch wird es etwas leichter, die verschiedenen Winkel genau einzuhalten. Zum Schluss werden die anderen Teile, wie aus den Fotos ersichtlich, montiert (Abb. 15.24 - 15.27).

Es könnte Vorteile haben, die Rotorachse (Abb. 15.18) und das Fahnengelenk (Abb. 15.22) aus härterem Stahl fertigen zu lassen. Ich habe es nicht getan und die Festigkeit ist meines Erachtens auch so ausreichend. Härterer Stahl ist wesentlich teurer und schwieriger zu bearbeiten.

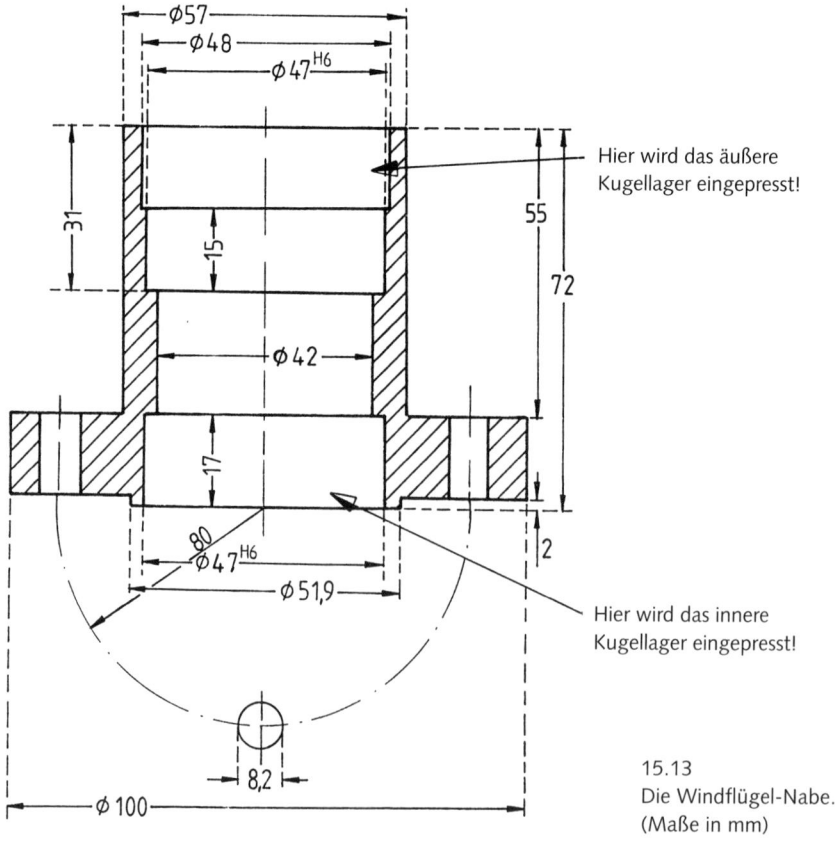

Hier wird das äußere Kugellager eingepresst!

Hier wird das innere Kugellager eingepresst!

15.13
Die Windflügel-Nabe.
(Maße in mm)

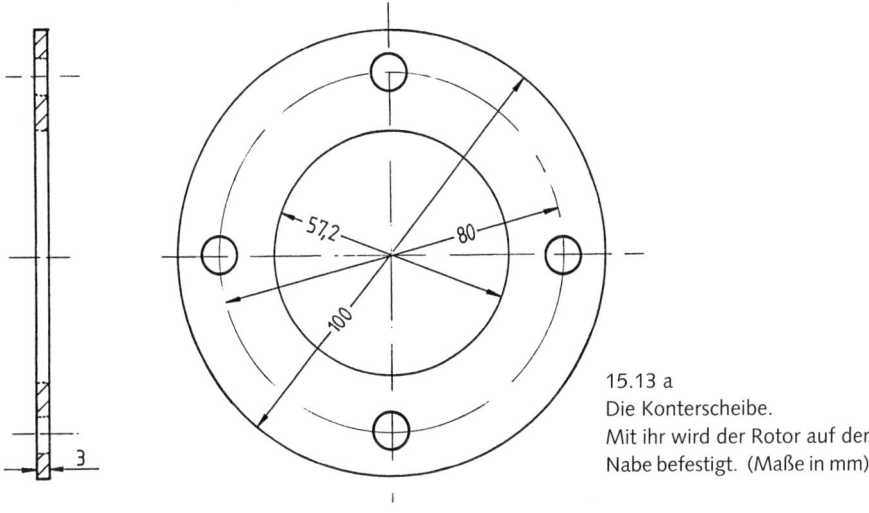

15.13 a
Die Konterscheibe.
Mit ihr wird der Rotor auf der Nabe befestigt. (Maße in mm)

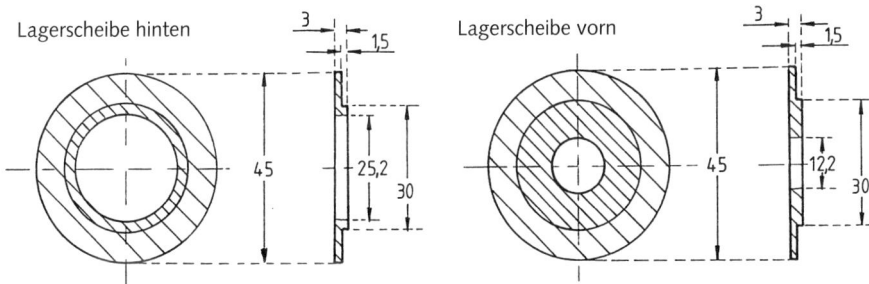

15.14
Diese beiden Lagerscheiben halten die Kugellager in der Rotornabe und dichten sie nach außen ab. (Maße in mm)

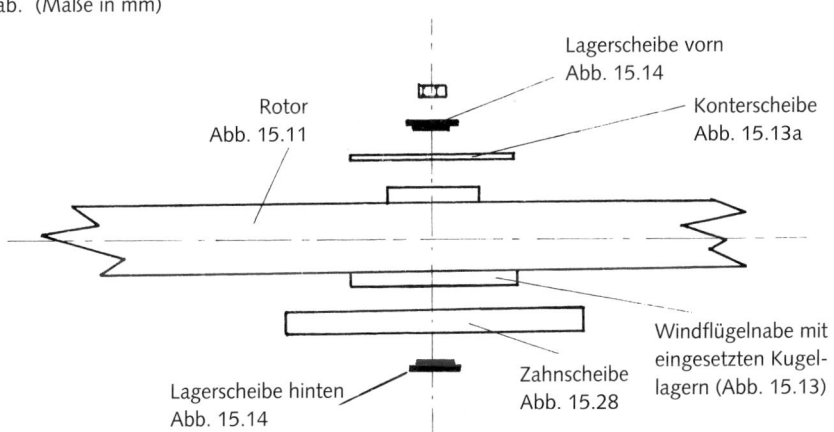

15.15: So wird der Rotor auf der Windflügelnabe montiert.

15.4 Das Getriebe

Das Getriebe (Abb. 15.28 und 15.29) hat eine Übersetzung von 1:3,75. Auf diese Größe bin ich durch Ausprobieren gekommen. Allerdings ist es von den vorherrschenden Winden abhängig, ob diese Übersetzung ausreichend ist. Falls Sie einen befreundeten Dreher haben, sollten Sie sich gegebenenfalls eine weitere große Zahnscheibe (sonst wie Abb. 15.28) mit 72 Zähnen und 218 mm Durchmesser drehen lassen, was zu einer Übersetzung von 1:4,5 führt. Falls Sie weiter mit dem Getriebe experimentieren wollen, denken Sie daran, dass Sie nur die große Scheibe verändern sollten. Die kleine Scheibe sollte nicht kleiner gemacht werden, da der Zahnriemen hier schon sehr stark gebogen wird; je stärker die Biegung ist, desto größer sind die Reibungsverluste und desto schneller verschleißt er.

Der Zahnriemen (Bezugsquelle im Anhang) hat folgende Maße: Breite: 19 mm, Länge: 762 mm, 80 Zähne. Der Abstand von einer Zahnflanke zur nächsten beträgt 10 mm.

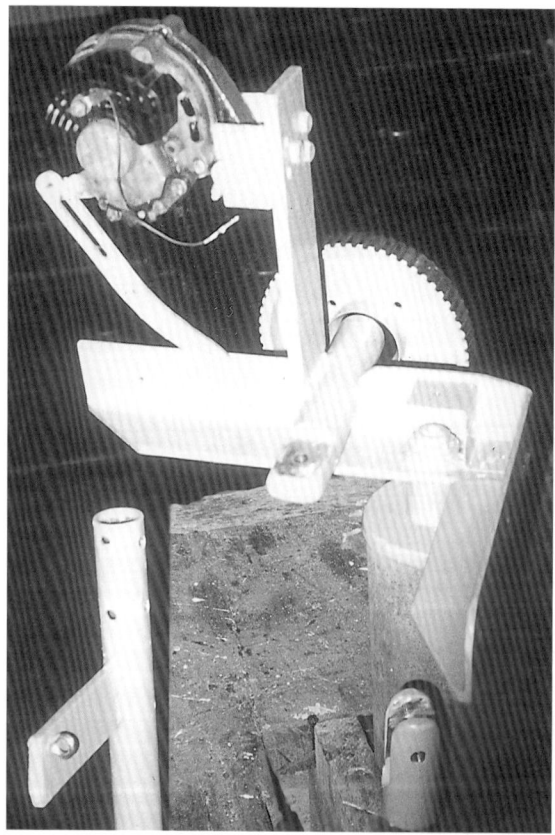

15.16
Der Rotorkopf – kurz vor der Vollendung und bereits gestrichen – wurde hier probeweise auf ein Stück Mastrohr gesteckt.
Vorne links steht das Rohr für die Windfahne auf dem Boden; sie wird über ein Gelenkstück (ebenfalls im Vordergrund zu sehen) schwenkbar mit dem Rotorkopf verbunden.

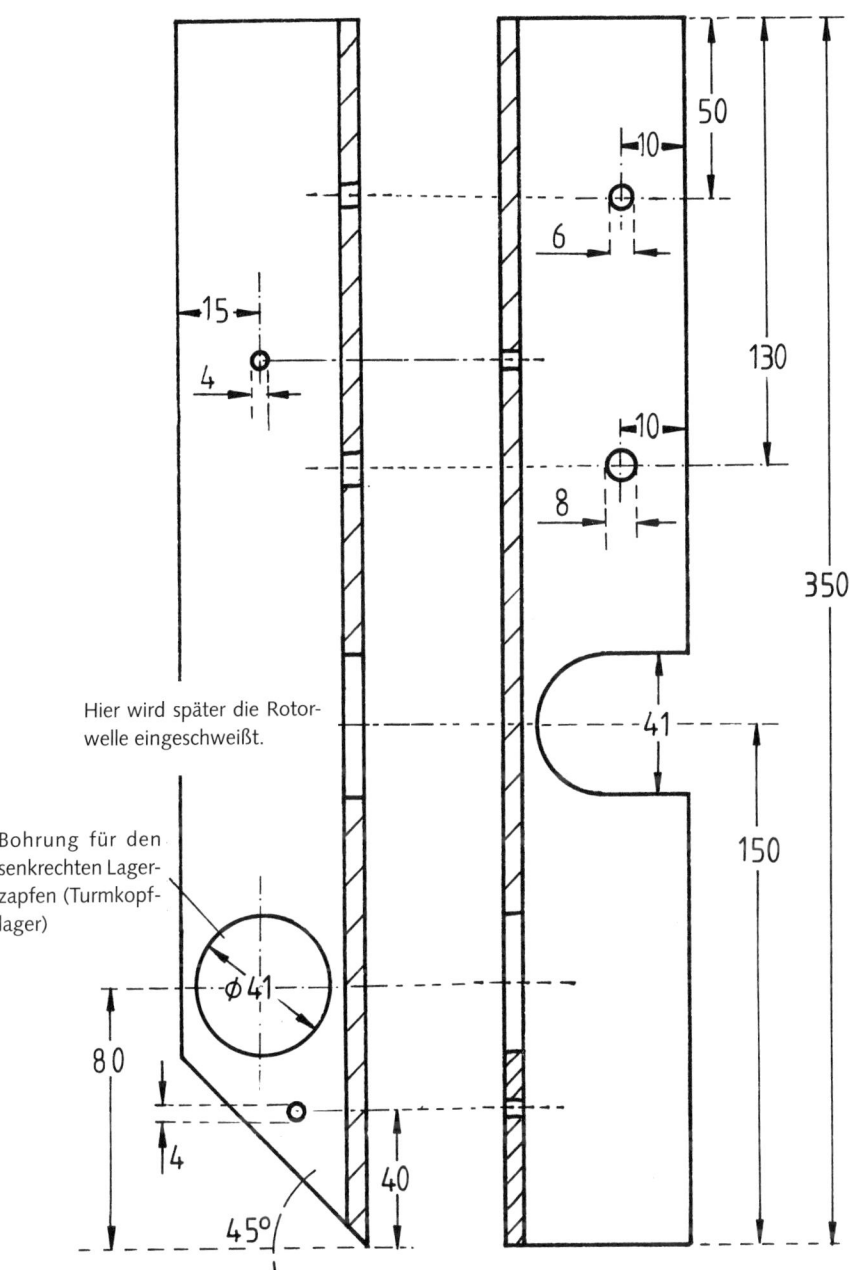

15.17 a
Stahlwinkel für den Rotorkopf (Rahmen) mit Bohrungen für Rotorachse und Lagerzapfen

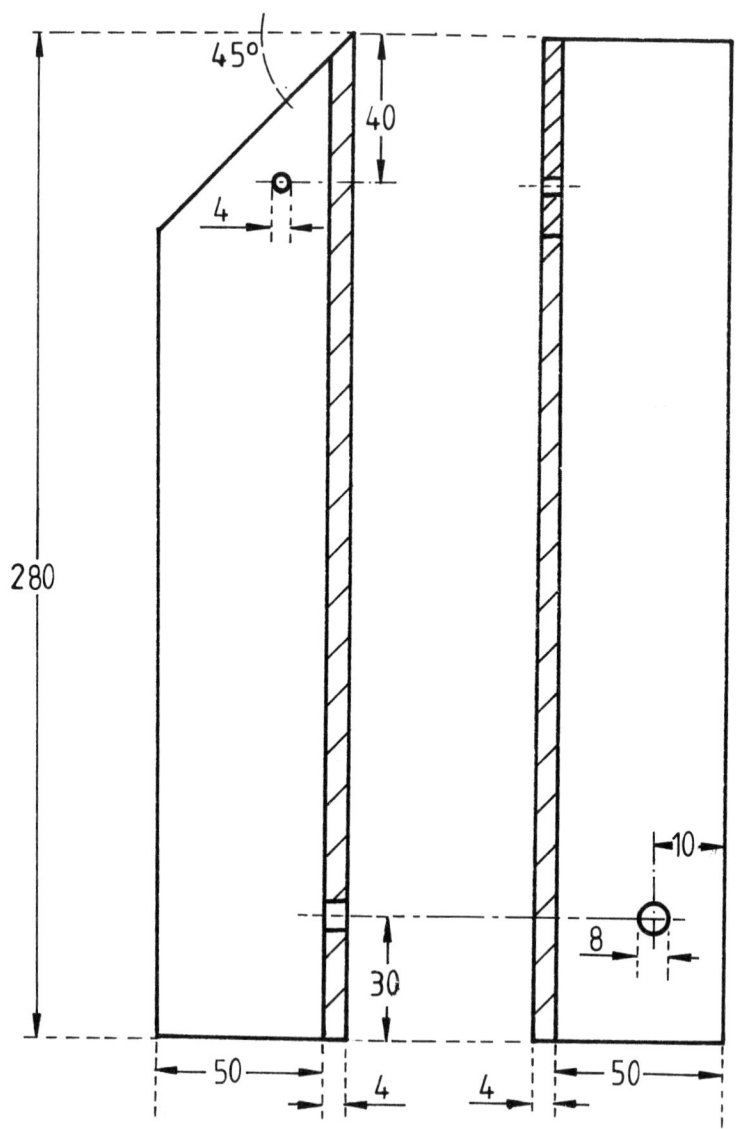

15.17 b
Zweiter Stahlwinkel für den Rotorkopf (Rahmen) mit Bohrungen für die Windfahnen-Feder und den Winkel für den Bremszug.

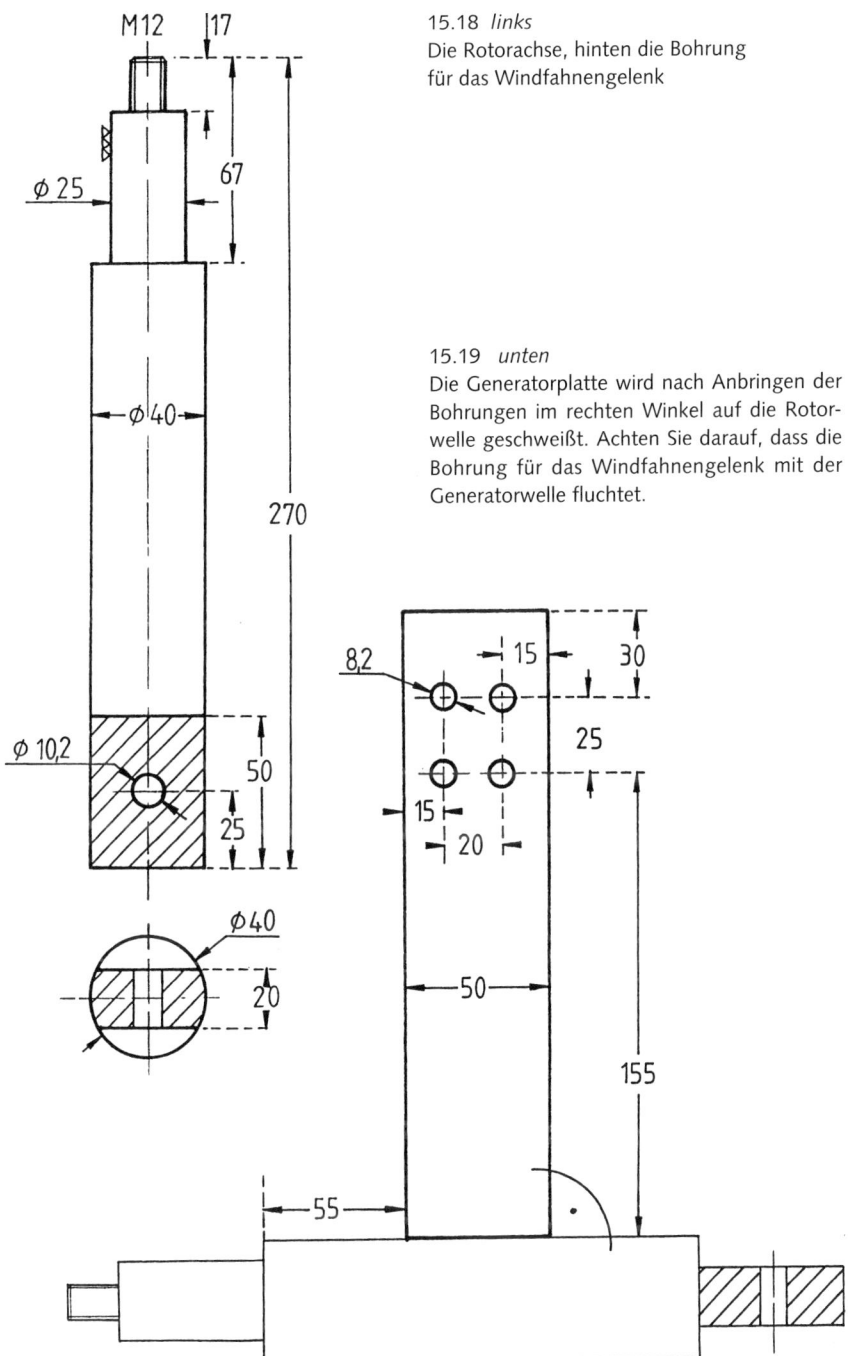

15.18 *links*
Die Rotorachse, hinten die Bohrung für das Windfahnengelenk

15.19 *unten*
Die Generatorplatte wird nach Anbringen der Bohrungen im rechten Winkel auf die Rotorwelle geschweißt. Achten Sie darauf, dass die Bohrung für das Windfahnengelenk mit der Generatorwelle fluchtet.

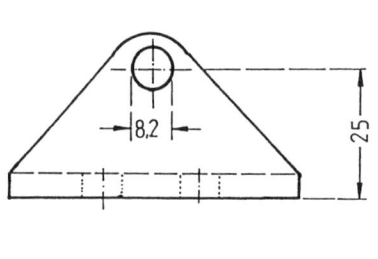
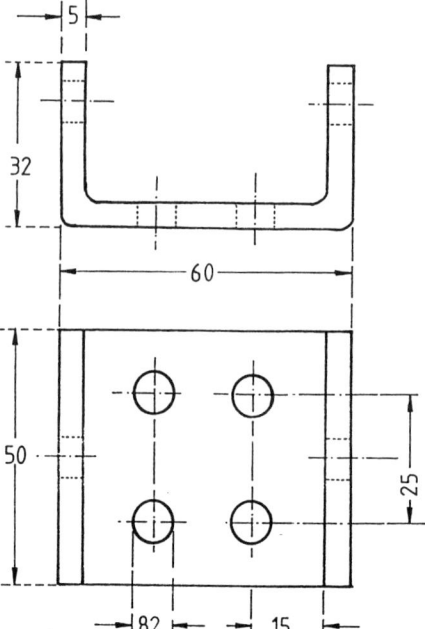

15.20
Die Generatorhalterung. Form und Abmessungen müssen eventuell an den verwendeten Generator angepaßt werden.

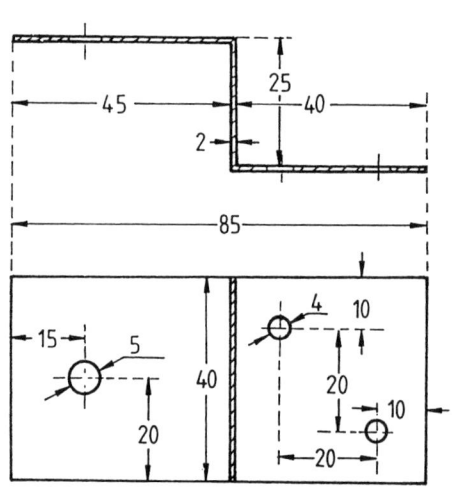

15.21
Eisenwinkel zur Befestigung der äußeren Hülle des Bremszuges.

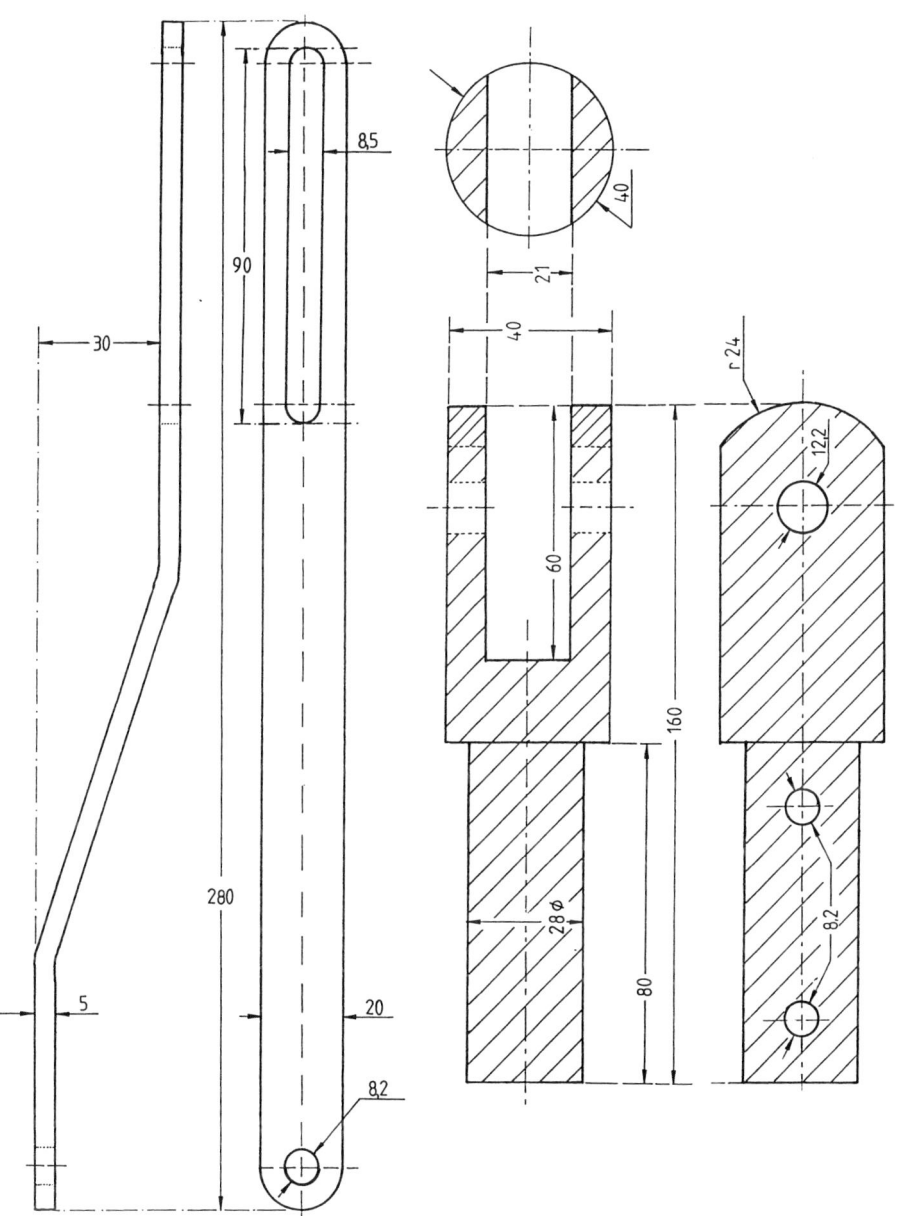

15.22
Stange für die Generatorbefestigung mit Langloch zum Spannen des Zahnriemens

15.23
Die hintere Hälfte des Windfahnengelenkes

15.24
So werden Winkel, Rotorachse, Generatorplatte und der senkrechte Lagerzapfen des Kopflagers miteinander verschweißt.

15.25
Ansicht von der Seite

15.26: Ansicht von vorn: Rotornabe und Zahnscheibe sind bereits montiert.

15.27: Die Montage des Generators

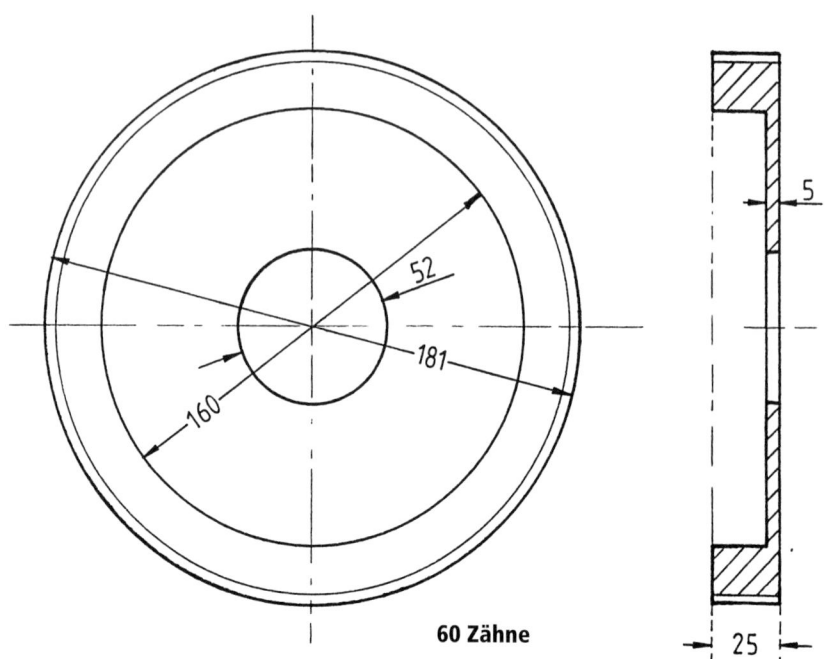

60 Zähne

15.28 *oben*
Die große Zahnscheibe (60 Zähne) erhält nach dem Aufsetzen auf die Windflügelnabe noch 4 zur Nabe passende Bohrungen (8,2 mm).

15.29 *unten*
Die kleine Zahnscheibe für die Generatorachse. Die Bohrung muss für einen anderen Generator gegebenenfalls angepasst werden.

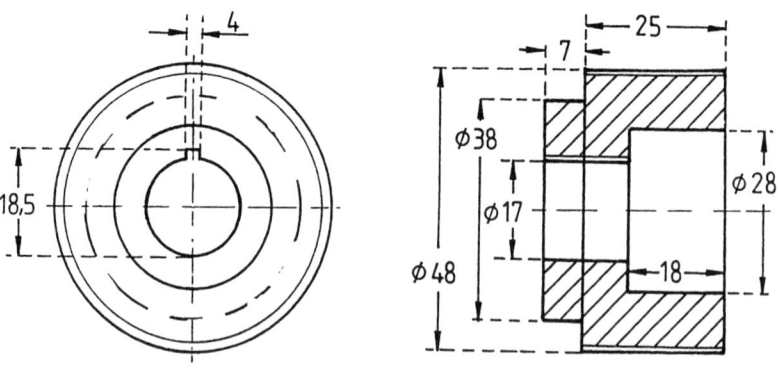

16 Zähne

Bei meinen ersten Versuchen stellte sich heraus, dass es sehr schwierig ist, die beiden Zahnscheiben genau übereinander zu montieren, was dazu führt, dass der Zahnriemen fast immer von der kleinen Zahnscheibe läuft. Zwei kleine Blechscheiben mit 56 mm Durchmesser links und rechts der kleinen Zahnscheibe lösen dieses Problem. Sie werden mit je vier kleinen 3 mm-Schrauben auf die Flanken geschraubt. Wichtig ist aber, dass die überstehenden Kanten der Scheiben schön rund und glatt gefeilt werden und möglichst 1 – 3° nach außen kippen. Das Anpassen, Bohren und Gewindeschneiden ist allerdings recht aufwändig, so dass es sinnvoll sein kann, die kleine Zahnscheibe mit Flankenführung fertig zu kaufen und dann nach den angegebenen Maßen für die Welle des Generators aufdrehen zu lassen.

15.5 Die Windfahne

Die Windfahne besteht aus einem tragenden Stahlrohr, an dem das Fahnenblech mit zwei Flachstahlbändern, die gleichzeitig als Verstärkungsrippen dienen, festgeschraubt wird. Zur Erhöhung der Stabilität sind die Längsseiten der Fahne abgekantet. Der Aufbau der Fahne geht aus der Zeichnung (Abb. 15.30) hervor, alle benötigten Teile sind in der Stückliste aufgeführt.

15.6 Montage des Rotorkopfes

Die eigentliche Montage des Rotorkopfes auf dem Mast ist nicht ganz leicht. Wir gehen davon aus, dass der Mast bereits aufgerichtet und, wie beschrieben, nach drei Seiten abgespannt wurde.
Bevor der Rotorkopf aufgesetzt wird, hat es sich bewährt, alle Teile außer Fahne und Rotor fertig zu montieren. Kabel und Bremsseil sollten etwa 8 - 10 m lang bemessen werden (das Bremsseil wird erst später an der Windfahne befestigt) und können dann mitsamt dem Rotorkopf in das Zapfenlager eingefädelt werden.
Nun wird der Rotorkopf mit einem Seil möglichst knapp unter der Oberkante des Mastes an der Leiter befestigt. In dieser Position werden Bremsseil und Kabel in den Mast eingeführt. Falls Sie, wie im Kapitel „Mast" beschrieben, vor seinem Aufrichten ein Band von der Bremsseilbohrung nach oben gezogen haben, wird das Bremsseil jetzt daran befestigt und nach unten gezogen. Sollten Sie dies versäumt haben, muss das Bremsseil mit einer dünnen Drahtschlaufe durch die Bohrung gezogen werden – eine ziemlich fummelige Arbeit. Schließlich werden die Kabel nach unten gelassen und durch die Öffnung gezogen.
Jetzt kann der ganze Rotorkopf mit dem Zapfenlager in das Rohr gesteckt und mit den vier Schrauben am Mast befestigt

15.30
Die Windfahne

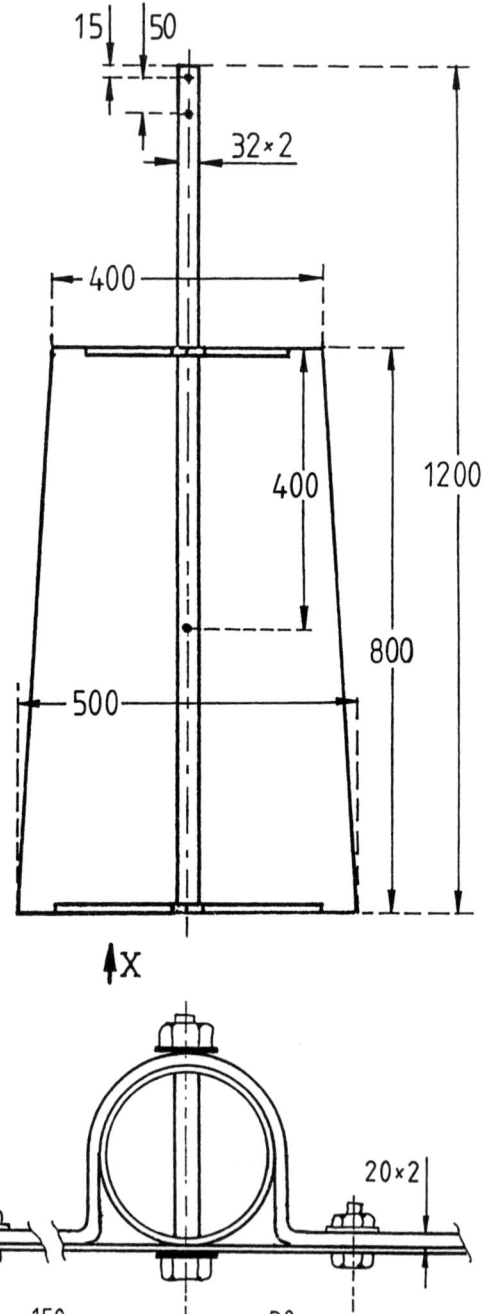

15.31
Der Rotorkopf mit dem fertiggestellten Rotor wird auf ein Rohrstück gesteckt und kommt zu einem ersten Test ins Freie.

15.32
Zur Montage des fertigen Turmkopfes auf dem aufgerichteten Mast braucht man eine genügend lange Leiter.

werden. Schließlich muss noch die Windfahne montiert und mit dem Bremsseil verbunden werden. Erst ganz zum Schluss wird der Rotor mit der Rotornabe auf die Achse gesteckt und festgeschraubt.
Alternativ wäre es auch möglich, den kompletten Rotorkopf schon am Boden zu montieren. Allerdings bedarf es eines erheblich höheren Kraftaufwandes, um den Mast mitsamt dem Kopf aufzurichten. Außerdem ist es etwas schwieriger, das Kabel durch ein liegendes, 6 m langes Rohr zu ziehen, als es einfach von oben durchrutschen zu lassen. Den Rotor würde ich allerdings aus Sicherheitsgründen (für den Rotor) auf jeden Fall erst nach dem Aufrichten montieren.

16 Der elektrische Anschluss

Benötigt werden nur drei Kabel, die von der Batteriestation durch den Mast bis zum Generator und zum Winddruckschalter geführt werden müssen. Wie schon in dem Kapitel 15.1 erklärt, habe ich keine Schleifringe zur Leistungsübertragung eingesetzt. Es sollten jedoch hochflexible Leitungen gewählt werden mit mindestens 4 mm² Querschnitt für die Plus- und Minusleitung und mit 2,5 mm² Querschnitt für den Anschluss des Winddruckschalters (Abb. 16.1). Bei größeren Entfernungen zwischen Generator und Batteriestation sollten ab Mastfuß nach Möglichkeit größere Querschnitte verlegt werden, um die Leitungsverluste so gering wie möglich zu halten. Bei den Wechselstrom-Lichtmaschinen, wie z.B. solche aus der „Ente", muss eine zusätzliche Leistungsdiode (Rückstromdiode) zum Schutz gegen Batterieentladung bei Stillstand der Anlage eingebaut werden. Leistungsdioden sind im Elektronik-Versand oder -handel zu bekommen und sollten einen Strom von mindestens 20 A vertragen können.

Ein ganz wichtiger Hinweis:
Wie die meisten kleinen Windanlagen darf auch ELWI 2 niemals in Betrieb genommen werden, wenn keine Batterie angeschlossen ist!!! In ungünstigen Fällen kann der Generator verbrennen, wenn er seine Leistung nicht an eine Batterie abgeben kann.

Generator aus der „Ente"

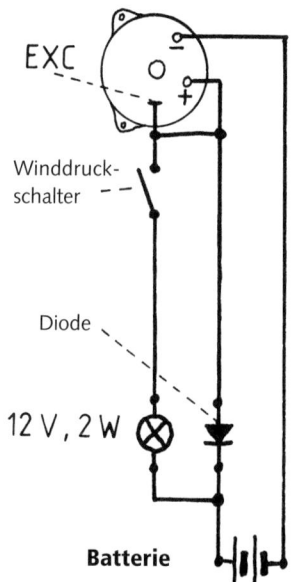

Bosch-Lichtmaschine

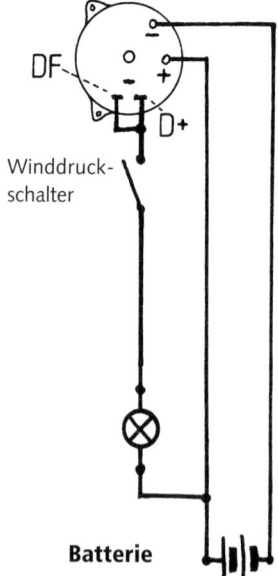

16.1: Die äußere Beschaltung des Generators

17 Die Stückliste

Abb.	Mast
15.2	1 Rohr, 100 mm ø, 4 mm; 6 m lang
15.3	1 Schelle, 20 mm · 3 mm · 220 mm
15.4	3 Stahlseile, 5 mm dick; 5,5 m lang
	3 Spannschlösser,
	1000 kg Tragfähigkeit
	3 Schäkel, 1000 kg Tragfähigkeit
	12 Seilklemmen für 5 mm Stahlseil
	3 Sechskantschrauben, M8, 30 mm
	3 Sechskantmuttern, M8
	3 Federringe, B8
	3 Nylonseile, 10 mm ø; 80 cm lang
	6 Kauschen, für 10 mm Nylonseil
	12 Seilklemmen für
	10 mm Nylonseil
	3 T-Eisen (Erdanker),
	ca. 60 mm · 35 mm; 1,5 m lang
15.5	1 Eisen (Zapfenlager),
	110 mm ø, 100 mm
	2 Rillenkugellager, SKF
	(d=35, D=62, B=14 mm)
	4 Sechskantschrauben, M8, 25 mm
	4 Federringe, B8
	1 Blechscheibe, 120 mm ø, 1mm dick
	Alle Schrauben verzinkt!

Abb.	Rotor
15.11	1 Holzbohle (Kiefer/Esche),
	240 · 15 · 4 cm
15.13	1 Eisenrohr (Nabe),
	100 mm ø, 75 mm
	2 Kugellager SKF
	(d=25, D=47, B=12 mm)
15.13	1 Scheibe, 100 mm ø, rund, 5 mm
15.14	1 Scheibe, 45 mm ø, rund, 5 mm
15.15	1 Scheibe, 45 mm ø, rund, 5 mm
15.16	4 Sechskantschrauben M8, 80 mm
	(V4A oder V2A)
	4 Sechskantmuttern M8
	(V4A oder V2A)
	4 Federringe, B8 (V4A oder V2A)

Abb.	Rotorkopf
15.6	1 Eisenrohr (Drehzapfen),
	40 mm ø, 180 mm lang
15.7	1 Eisenscheibe, 112 mm ø, · 5 mm
15.17	1 Winkeleisen, 50 · 50 · 350 mm
15.17	1 Winkeleisen, 50 · 50 · 280 mm
15.18	1 Eisenrohr (Rotorachse),
	40 mm ø, rund, 270 mm lang
15.19	1 Eisenplatte (Generatorplatte),
	210 mm · 50 mm · 5 mm
	1 Sechskantmutter M12,
	(V4A o. V2A)
	1 Ösenschraube M8 · 40 mm
	2 Sechskantmuttern M8
15.20	1 Eisen (Generatorhalter),
	50 · 130 · 5 mm
15.21	1 Blech (für Bremsseil), 40·110·2 mm
	2 Sechskantschrauben M4 · 20 mm
	2 Sechskantmuttern M4,
	selbstsichernd
	2 Federringe B4
15.22	1 Eisen (Riemenspanner),
	280 · 20 · 5 mm
	2 Sechskantschrauben M8 · 30 mm
	2 Sechskantmuttern M8
	2 Federringe B8
15.23	1 Eisenrohr (Fahnengelenk),
	40 mm ø, 160 mm lang
	1 Sechskantschraube, M12 · 60 mm
	1 Sechskantmutter, B12 selbstsichernd
	2 Stahlunterlegscheiben, 50 · 0,25 mm
	2 Sechskantschrauben, M8 · 50 mm
	2 Sechskantmuttern, M8
	2 Federringe, B8
	Alle Schrauben verzinkt!

Abb.	Getriebe
	1 Generator nach Wahl
15.28	1 Eisen (Zahnscheibe)
	185 mm ø, 25 mm
15.29	1 Eisen (Zahnscheibe)
	50 mm ø, 32 mm
	1 Zahnriemen, 80 Zähne,
	19 mm · 762 mm; Flanke 10 mm

Abb. Windfahne
15.30 1 Rohr, 32 mm ø, 2 mm,
       1200 mm lang
   1 Eisen- oder Alublech,
       500 · 800 mm, 0,75 mm stark
   1 Rippe, 20 · 2 · 400 mm
   1 Rippe, 20 · 2 · 520 mm
   2 Ösenschrauben, M8 · 50 mm
   2 Sechskantmuttern, M8
   2 Federringe, B8
   8 Sechskantschrauben, M5 · 20 mm
   8 Sechskantmuttern, M5
       selbstsichernd
   8 Federringe, B5
   1 starke Stahlfeder, ca. 80 mm lang
   Alle Schrauben verzinkt!

Was sonst noch fehlt:
1 Stahlseil (Bremse), 2 mm · 6 m
   (Fahrradzubehör)
1 Bremsleitungsschlauch,
   ca. 0,6 m lang (Fahrradzubehör)
2 Spanner für Bremsseil,
   (Fahrradzubehör)
2 Seilklemmen
1 kleiner Eisenwinkel,
   für den Windruckschalter
1 Aluplatte (Winddruckschalter)
   ca. 100 mm · 50 mm
1 Sechskantschraube, M4 · 20 mm
1 Sechskantmutter, M4 selbstsichernd
1 Federring, B4
Sehr gute Farbe

Ich hoffe sehr, dass ich nichts vergessen habe. Ansonsten wünsche ich Ihnen noch viel Vergnügen beim Bau und möglichst viel Rückenwind bei Ihren Basteleien.

Montage einer käuflichen Kleinwindkraftanlage vom Typ AeroCraft

18 Käufliche Kleinwindanlagen

Es ist immer etwas schwirig, wenn man ganz am Anfang steht und sich mit der Idee trägt, eine kleine Windanlage zu bauen oder zu kaufen. Beim Selbstbau ist es sinnvoll, sich langsam mit der Materie, mit dem Material und vor allem mit Wind und Wetter vertraut zu machen und die Windanlagen mit den Erfahrungen wachsen zu lassen. Gleichzeitig kann auch die übrige Installation mit Kabel, Batterien und Verbrauchern langsam mitwachsen und den steigenden Anforderungen angepasst werden.

Wie üblich muss sich der Bastler daran gewöhnen (und oft auch seine Mitbewohner und Familienmitglieder), dass eine erst vor kurzem fertig gestellte Arbeit schon wieder erweitert, verändert und umgebaut werden muss. Aber auch darin kann ein Reiz des „Selbermachens" liegen und das Umwerfen von gerade gemachten Plänen gehört irgendwie dazu.

Für diejenigen Bastler, die sich aber doch lieber eine fertige Windanlage kaufen möchten, ist die sorgfältige Planung umso wichtiger. Der Frust, etwas Falsches gekauft zu haben, ist ungleich größer und der mögliche Verlust beim späteren Verkauf meist erheblich. Eine gute Beratung sollte der erste und beste Schritt sein.

Ich habe zwar versucht, auch zu solchen Fragen in den diversen Kapiteln Hilfestellung zu geben, aber es ist nicht möglich, alle Fragen im Rahmen dieser Bauanleitung zu beantworten. Ein guter und erfahrener Händler wird Sie nicht nur ausreichend beraten können, sondern auch sicherlich Adressen von Kunden haben, die Ihnen wiederum gerne von ihren eigenen Erfahrungen berichten. In den ganzen Jahren, in denen ich selbst Kleinwindanlagen verkauft und solche selbst gebaut habe, konnte ich immer wieder erleben, dass die meisten individuellen Fragen erst beim Erzählen und Austausch mit Kunden und Bastlern entstanden.

Hier liegt auch der Vorteil eines Händlers mit eigenen Erfahrungen. Er kann nicht nur verkaufen, sondern auch erzählen und auf Fragen antworten. Das ist beim reinen Versandhandel grundsätzlich anders. Wenn Sie genau wissen, was Sie haben wollen, bekommen Sie hoffentlich auch genau das, was Sie bestellt haben. Aber sobald eine Frage auftaucht, die nicht mit der beiliegenden Aufbauanleitung beantwortet werden kann, wird es schwierig. Sollte mal ein Ersatzteil nötig sein, so kann der Fachhandel in der Regel schneller reagieren und günstiger helfen.

Auch wenn es so mancher Lieferant nicht gerne liest: lassen Sie sich ruhig von mehreren Händlern beraten! Nicht jeder Händler hat die gleichen Vorlieben, kann Ihre individuellen Fragen gleich gut beantworten und erkennt alle Probleme. Fahren Sie hin, lassen Sie sich Referenzadressen geben, sprechen Sie mit anderen Kunden und vor allem: Lassen Sie sich viel Zeit. Allein das Gespräch und der Austausch mit anderen Bastlern und deren teilweise abenteuerlichen Geschichten können schon sehr viel Spaß machen.

Es wird in Kürze eine Internetseite geben (www.kleinwindanlagen.de), die als Plattform gedacht ist für den Austausch von

Informationen, Adressen, Erfahrungen, Geschichten, Ersatzteilen und allem, was sonst noch so getauscht werden kann und was mit Kleinwindanlagen zu tun hat. Ich freue mich auch auf Ihre Geschichte.

Eine kleine Auswahl

Mir sind etwa 40 verschiedene käufliche Kleinwindanlagen bekannt, wobei es weltweit sicherlich noch erheblich viel mehr gibt. Viele Entwicklungen schaffen nur die erste Kleinserie und werden dann mangels Nachfrage nicht weiter produziert, was bei weniger gelungenen Modellen nicht so schlimm ist. Bei anderen, guten Anlagen bleiben in solchen Fällen leider viel Erfindergeist und gute Ideen auf der Strecke. Im Folgenden möchte ich einige kleinere Windanlagen mit unterschiedlicher Leistung vorstellen.

Alu-Windrad

Es dürfte sich um die kleinste stromerzeugende Windanlage handeln, die jedoch in der Fertigung beachtliche Stückzahlen erreicht hat. Die sehr preiswerte Anlage liefert mit zwei Dynamos 12 Volt und maximal etwa 6 Watt. Bemerkenswert ist das sehr raffinierte Konzept des Reibradantriebes, wobei der Rotor erst nach dem Anlauf an die Dynamos gedrückt wird. Trotz der Größe hat es eine gut funktionierende Sturmsicherung, indem der Rotor seitlich aus dem Wind gedreht wird. Die Anlage wird von der Firma Thümler hergestellt und wie aus dem Anlagennamen zu erkennen ist, fast ausschließlich aus Aluminium gefertigt. Sie hat drei Rotorblätter und einen Rotorradius von etwas über 80 cm. Sie wird in einem kleinen handlichen Paket als Bausatz mit sehr detaillierter Bauanleitung und vielen Zeichnungen und Fotos geliefert. Sicherlich kann mit dieser Anlage keine Stromversorgung sichergestellt werden, aber Konzept und Ausführung sind genial und können für eigene Entwicklungen mit größerer Leistung eine gute Vorlage bieten.

Technische Daten des Alu-Windrades

Rotor : Drei-Blatt-Alubleche, 90 cm ø
Generator : 2 x 3 W-Dynamos, 12 V
Sturmsicherung : Eklipsenregelung
Anlauf bei : ca. 1,5 m/s
Gewicht : ca. 2 kg
Besonderheit : Reibradübersetzung m. Freilauf
Preis : ca. 80 €

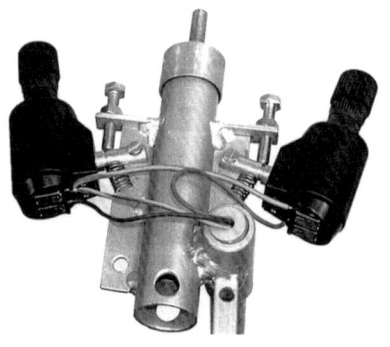

19.1
Das Alu-Windrad (Bild oben) und Detailansicht des Rotorlagers mit 2 Fahrrad-Dynamos (rechts)

Ruthland WG 913

Ruthland ist ein Hersteller aus Großbritannien, der seit über 15 Jahren sehr erfolgreich eine Klein-Windanlage mit immerhin ca. 70 Watt bei 12/24 Volt baut. Es gibt zwar noch zwei weitere Varianten von diesem Modell und eine kleinere Version, aber die sind eher für Spezialanwendungen gedacht. Das aktuelle Standardmodell WG913 hat einen Radius von ca. 90 cm, 6 Rotorblätter und ist mit Schleifringen und einem Scheibengenerator ausgestattet. Die Anlage läuft sehr leicht an und ist im normalen Betrieb fast geräuschlos. Erst bei sehr kräftigem Wind ist das Zischen der Rotorblätter zu hören. Durch den sehr guten Scheibengenerator entstehen kaum Geräusche am Mast, so dass eine Dachmontage fast problemlos möglich ist. Wegen des sehr leisen und ruhigen Betriebs wird die Anlage gern auf kleineren Booten eingesetzt.

Ich selbst habe diese Anlage und ihren Vorgänger viele Jahre in Betrieb gehabt und gute Erfahrungen damit gemacht. Auch ein Ersatzteil war innerhalb nur weniger Tage verfügbar.

19.2: Die Ruthland WG913

Technische Daten der Ruthland WG 913
Rotor : Sechs-Blatt-Rotor, Polyamid
Durchmesser : 91 cm
Generator : 60 W, 12/24V Scheibengenerator
Sturmsicherung: keine
Anlauf bei : ca. 0,5 m/s
Gewicht : ca. 15 kg
Besonderheiten : sehr leise
Preis : ca. 590 €

AIR-X

Mit sehr auffälligem Design liefert die Firma Southwest Windpower eine Windanlage mit knapp 1,2 m Durchmesser. Die Nennleistung wird mit 400 W_{el} bei 12,5 m/s angegeben. Der Mikroprozessor gesteuerte Laderegler ist bereits im Rotorkopf integriert. Die komplette Anlage mit dem 3-Blatt-Rotor aus carbonverstärkten Blättern wiegt nur knapp 6 kg und kann so sehr einfach fast überall montiert werden.

19.3: Die Anlage AIR-X

Technische Daten der AIR-X
Rotor : Drei-Blatt-Rotor, Karbon-Thermoplast
Durchmesser : 115 cm
Generator : 400 Watt, 12/24 Volt
Sturmsicherung : elektronische Drehzahlüberwachung
Anlauf bei : ca. 3 m/s
Gewicht : 6 kg
Besonderheiten : recht laut
Preis : ca. 850 €

19.4: Die AeroCraft 502/752

Technische Daten der AeroCraft 502 / 752
Rotor : Drei-Blatt-Rotor GfK
Durchmesser : 240 cm
Generator : 500/750 W, 12/24/48 Volt
Sturmsicherung : Eklipsenregelung
Anlauf bei : ca. 3 m/s
Gewicht : 41 kg / 43 kg
Besonderheiten : keine Schleifringe
Preis : ca. 2.650 €

Obwohl bei diesem Modell gegenüber den Vorgängern sehr viel weiterentwickelt und verbessert wurde, gehört die Anlage nicht gerade zu den leisesten dieser Größenklasse.

AeroCraft 502 / 752

AeroCraft ist ebenfalls ein Hersteller aus Deutschland. Ursprünglich hatten die beiden Versionen mit 500 Watt (12/24 V) und 750 Watt (24/48 V) elektrischer Leistung eine recht aufwändige Rotorblattverstellung, die bedauerlicherweise immer wieder Schwierigkeiten bereitete. Die beiden neueren Modelle AC502 und AC752 müssen ohne Blattverstellung auskommen, haben jedoch stattdessen eine Eklipsenregelung, welche die Anlage bei Sturm seitlich aus dem Wind dreht. Sehr ungewöhnlich ist bei dieser Anlagengröße, dass eine Schleifringübertragung fehlt und das Kabel manuell entdrillt werden muss. Eine sehr regelmäßige Kontrolle ist (je nach Standort) zwingend notwendig.

Die Anlage zeichnet sich durch einen besonders guten 16-poligen Generator aus. Als Ersatzteil ist er nicht gerade billig, eignet sich aber hervorragend auch für eigene Entwicklungen.

Inclin 1500

Der spanische Hersteller Bornay bietet seit vielen Jahren Kleinwindanlagen unterschiedlicher Größe an. Der Typ Inclin 1500 mit 1,5 kW$_{el}$ bei 24/48 V und knapp 2,9 m Rotordurchmesser wurde weltweit bereits in relativ großen Stückzahlen verkauft. Die Anlage ist sehr einfach aufgebaut und sehr robust. Bei Sturm dreht der Rotorkopf nach hinten in die Helikopterstellung.

So gut die Anlage insgesamt ist, bleiben durch den 2-Blatt-Rotor auch Nachteile. Die Anlage läuft relativ spät an und ist durch die hohe Drehzahl im normalen Betrieb nicht gerade leise. Da die Nennleistung auch erst bei ca. 13 m/s erreicht wird, eignet sie sich eher für Starkwindgebiete und nicht für die Montage in einem Wohngebiet.

Technische Daten der Inclin 1500
Rotor : Zwei-Blatt-Rotor, GFK
Durchmesser : 286 cm
Generator : 1500 Watt, 24/48 Volt
Sturmsicherung : Helikopterstellung
Anlauf bei : ca. 3,5 m/s
Gewicht : 42 kg
Besonderheiten : sehr robust
Preis : ca. 3.300 €

19.5: Die Inclin 1500

19.6 rechts: Die Maja 1000

Maja 1000

Obwohl ich diese Anlage bis jetzt noch nicht selbst erproben konnte, habe ich schon einiges von ihr gehört, was sehr viel versprechend klingt.
Die Anlage ist aus den Erfahrungen mit diversen Kleinwindanlagen anderer Hersteller entwickelt worden und hat eine Nennleistung von 1000 Watt$_{el}$, die aber erst bei 14 m/s erreicht wird. Dafür läuft sie schon bei knapp 3 m/s an und erreicht sehr schnell die Ladespannung. Dadurch eignet sie sich besonders für Gebiete mit niedriger und mittlerer Windgeschwindigkeit. Der Drei-Blatt-Rotor wurde eigens im Hinblick auf ruhigen Lauf entwickelt. Ich hoffe, dass ich diese Anlage bald selbst einmal ausprobieren kann.

Technische Daten der Maja 1000
Rotor : Drei-Blatt-Rotor, GFK Kohlefaser, 230 cm ø
Generator : 1000 Watt, 24/48 Volt
Sturmsicherung : Azimutregelung
Anlauf bei : ca. 2,5 m/s
Gewicht : 32 kg
Besonderheiten : robust und leise
Preis : ca. 2.950 €

19 Bezugsquellen

(ohne Anspruch auf Vollständigkeit)

„G 4" und Polyurethanharz, Polyester und Glasfasermatten
sind beim Bootsbauer, in etlichen Bau- und Hobbymärkten und in guten Farben- Fachgeschäften zu bekommen oder können bestellt werden. zB.:

Von Corvin, Waidmannstr. 12, 22769 Hamburg, www.voncorvin.de

Wooden Technology, An der Eiche 1, 09577 Lichtenwalde, www.wooden-technology.de

Rotoren und Rotorblätter, Permanentmagnet-Generatoren, Regler, Batterien, Wechselrichter, Kabel etc.

Heyde Windtechnik, Gartenweg 3, OT Obercarsdorf, 01762 Schmiedeberg, www.heyde-windtechnik.de

Solar-Wind-Team, Hansjacobweg 3, 78112 St. Georgen, www.wind-mobil.de

Conrad Elektronik, Klaus-Conrad Str. 1, 92242 Hirschau, www.conrad.de

Selbstbaubedarf für Windkraftanlagen A. Harbarth, Hecheln 32, 78357 Mühlingen, harbarth@windrad-teile.de

Gödecke Energie- und Antriebstechnik GmbH, Am Bahnhof 12, 27356 Rotenburg a.W., www.aerocraft.de

Stranggepresstes Aluminium-Rotorprofil (am laufenden Meter)

Horst Crome, Eystruper Straße 13, 28325 Bremen, crome@fbm.hs-bremen.de

Windmessgeräte

Conrad Elektronik, 92242 Hirschau, www.conrad.de

ELV-Electronic AG, 26787 Leer, www.elv.de

Schoder GmbH, 86688 Marxheim, www.schoder.de

Ammonit GmbH, 10999 Berlin, www.ammonit.de

Wilmers GmbH, 22089 Hamburg, www.wilmers.com

Elektronik-Zubehör, Laderegler etc.

Conrad Elektronik, 92242 Hirschau, www.conrad.de

Westfalia, Werkzeugstr. 1, 58082 Hagen, www.westfalia.de

Dorfmüller Solaranlagen GmbH Gottlieb-Daimler Str. 15, 71394 Kernen www.dorfmueller-solaranlagen.de

ESB Electronic Systems Bäuerle GmbH 73117 Wangen

ELV-Electronic AG, 26787 Leer, www.elv.de

Solartechnik

Conrad Elektronik, 92242 Hirschau, www.conrad.de

Rainbows-End Solartechnik GmbH, Kiebitzheide 39, 49084 Osnabrück, www.rainbows-solar.de

Solartechnik Linke, Drangstedter Str. 37, 27624 Bad Bederkesa, www.solarlink.de

Lieferanten von Kleinwindanlagen

AES Alternative Energie Systeme GmbH, Gießerweg 5, 38855 Wernigerode, www.aes-energie.de
• Anlage LT200-3dd

alfasolar Vertriebs GmbH, Calenberger Str. 28, 30169 Hannover, www.alfasolar.de
• AeroCraft-Anlagen

Bornay, E-03420 Castalla (Alicante) Spanien, www.bornay.com
• *Bornay-Anlagen (Inclin u.a.)*

Conrad Elektronik, 92242 Hirschau, www.conrad.de • *Ruthland-Anlage*
Galeforce Wind Turbines Ltd, 230 Portglenone Road, Northern Ireland BT41 3RP, www.galeforce.uk.com
• *Anlagen von Bergey und Ruthland*

Greentec Windkraftanlagen, An der Zeisigburg 10, 86609 Donauwörth, www.strom-mit-wind.de
• *Anlagen von Greentec*

Heyde Windtechnik, Gartenweg 3, Obercarsdorf, 01762 Schmiedeberg, www.heyde-windtechnik.de
• *Anlagen von AeroCraft, AirX, Ampair, Inclin, Maja, Ruthland*

Landmark Alternative Energien & Consulting, 06116 Halle/Saale, www.landmark-halle.de
• *Inclin-Anlagen*

Proven Wind Turbines, *UK-KA2 0BA Scotland*, www.provenenergy.com
• *Proven-Anlagen*

Solartechnik Geiger, Windener Straße 14, 85051 Ingolstadt, www.windtechnik-geiger.de
• *Geiger-Anlagen*

Solar-Wind-Team, Hansjacobweg 3, 78112 St. Georgen, www.wind-mobil.de
• *Anlagen von Inclin, Maja, Air X, Ampair, Ruthland*

Soltec Reimann GmbH, Kölner Str. 239, 45481 Mülheim/Ruhr, www.soltec-solar.de
• *Air X-Anlage*

Turby b.v. Heuvelenweg 18, NL-7241 HZ Lochem, www.turby.nl
• *Turby-Anlage*

Westfalia, Werkzeugstr. 1, 58082 Hagen, www.westfalia.de
• *Westfalia-Anlagen*

Windpower Enertec, Zeppelinstr. 4, 82178 Puchheim, www.windpower.de
• *Anlagen von Windseeker, Whisper*

Lieferant von Wind-Pumpen

Molzan, Bleiche 3, 48366 Leer, Tel. 02554-1341

Lubing Maschinenfabrik GmbH, 49406 Barnstorf

Molins de Vent Tarrago, Raval Santa Anna, 30-32, E-43400 Montblanc -Tarragona Spanien, www.ctv.es/tarrago

Weiter interessante Internetkontakte

James and James, www.jxj.com

Marktplatz, www.windmesse.de

Weitere Quellen und Lieferantenhinweise Tipps und Tricks ohne Anspruch auf Richtigkeit und Vollständigkeit gibt es auf der neuen Internetseite:

www.kleinwindanlagen.de

20 Literaturhinweise

(wenn nicht anders angegeben alle über den ökobuch Versandbuchhandlung zu beziehen)

Betz, Albert: *Windenergie und ihre Ausnutzung durch Windmühlen.*
1926, 64 Seiten, DIN A5, 7,60 €
Vergriffen, evtl. über Bücherei o. Fernleihe

Crome, H.: *Werkbuch Windenergie-Technik*
2. Auflage 2004, 208 S. m. vielen Abbildungen, 29,60 €
Erprobte Bauanleitung für leistungsfähige Windkraftanlagen verschiedener Größe mit einer Leistung zwischen 500 W und 3 kW.

Hacker, Georg: *Wind ins Netz*
1. Auflage 2003, 103 Seiten mit vielen Bildern, 9,00 €
Interessante Geschichte über die Erfahrungen mit vielen kleinen käuflichen Windanlagen mit vielen Tipps und Anregungen

Handschuh, Karl: *Windkraft gestern und heute.* 1991, 115 Seiten mit vielen Abb., 7,60 €
Geschichte der Windkraftnutzung in Baden-Württemberg

Franquesa, M.: *Kleine Windräder.*
1989, 176 Seiten, 17 x 21 cm, ISBN 3-7625-2700-8, 27,60 €
Berechnung und Konstruktion kleiner Windräder: Die wichtigsten Teile werden unter Zuhilfenahme zahlreicher Diagramme, Tabellen und Formeln berechnet. kann. Vergriffen, evtl. über Fernleihe.

Paul Gipe: *Windergy Basics; A Guide to small and Micro Wind Systems.* 1999, 117 S., DIN A5, ISBN 1-890132-22-5 22,00 €
Sehr detaillierte Informationen rund um Kleinwindanlagen

König, F. v.: *Windenergie.*
3. Auflage 1981, 242 Seiten, DIN A5, ISBN 3-7906-0108-X
Sehr vielseitiges Buch über die Windenergie. Vergriffen, evtl. über Bücherei o. Fernleihe

König, F. v.: *Wie man Windräder baut.*
5. Aufl. 1981, 187 Seiten, DIN A5,
Gute Arbeitsvorlage zum Selbstbau von Windrädern mit Konstruktionszeichnungen und mit vielen Tipps.
Vergriffen, evtl. über Bücherei o. Fernleihe

Kuhtz, Christian: *Windkraft? Ganz einfach!*
65 Seiten, DIN A5, 3,00 €
Sehr gute Bauanleitungen für zwei kleine Windräder. Besonders zu empfehlen für die ersten Erfahrungen mit der Windradtechnik.

Kuhtz, Christian: *Windkraft? Ja Bitte!*
1997, 112 Seiten, DIN A5, 4,00 €
Sehr gute Bauanleitung für ein Windrad mit 2 m ø, viele Rotorbau-Tipps. Das einzige mir bekannte Buch über das Umwickeln von Autolichtmaschinen auf andere Drehzahlen.

Kuhtz, Christian: *Windkraft? Echt stark!*
1997, 73 Seiten, DIN A5, 4,00 €
Eine Anleitung für einfach, stabile Windräder aus Schrott mit 2,5 bis 4 m ø, 0,5 bis 4 kW Leistung, mit 12 V bis 380 V Spannung.

Schieber, Walther: *Energiequelle Windkraft*
Fackelträger-Verlag K.G. Erschien um 1942.
Interessante Abhandlung über Windkraftnutzung nach dem Krieg (wenn es wieder genug Eisen gibt!); viele Bilder von Windkraftanlagen zur Stromerzeugung mit riesigen Batterieanlagen. Vergriffen, evtl. über Fernleihe

Schulz, Heinz: *Der Savonius - Rotor*
6. Auflage 2002, 80 Seiten mit vielen Zeichnungen und Abbildungen, 7,60 €

Verein mit vielen Ortsgruppen, der sich der Windkraft und ihrer Verbreitung widmet: BWE, Bundesverband Windenergie e.V.; Herrenteich Str. 1; 49074 Osnabrück

Interessante **Internetseite,** die sich um das Thema Windkraft bemüht:
www.kleinwindanlagen.de
Die Seite befindet sich noch im Aufbau; sie soll als Forum für Betreiber von kleinen Windkraftanlagen dienen. Helfen Sie mit!

Weitere Bücher im ökobuch Verlag

Gottfried Haefele, Wolfgang Oed, Ludwig Sabel
Hauserneuerung
Instandsetzen - Renovieren - Modernisieren: eine Anleitung zur Selbsthilfe. Das Buch beschreibt ausführlich den behutsamen, handwerklich sachgerechten und umweltverträglichen Umgang mit alter Bausubstanz. 254 S., 200 Abb., 21 x 21 cm , 12. überarb. Aufl. 2012   28,90 €

Ingo Gabriel, Heinz Ladener, Hrsg.
Vom Altbau zum Niedrigenergie- und Passivhaus
Energietechnische Gebäudesanierung in der Praxis: Nachträglichen Wärmedämmung der Gebäudehülle, Fenstererneuerung, sowie Sanierung der Haustechnik einschließlich Lüftung Heizung, Sanitär und Elektro. 264 S. m.v.Abb., 21 x 21 cm, geb., 10. Aufl. 2012   29,90 €

Gernot Minke
Dächer begrünen – einfach und wirkungsvoll
Ratgeber für die Begrünung von Wohn- und Bürogebäuden, Garagen und Carports. Mit Konstruktionsdetails, Dachaufbauten, Begrünungssystemen, Kosten u. Selbstbauhinweisen. 94 S. m. v. Abb., 17 x 24 cm, 4. Aufl. 2010   12,95 €

Gernot Minke
Handbuch Lehmbau
Umfassendes Lehrbuch und Nachschlagewerk: Es zeigt Einsatzmöglichkeiten, Eigenschaften und Verarbeitungstechniken des Baustoffes Lehm. Mit Forschungsergebnissen u. Beschreibungen ausgeführter Lehmhäuser. 220 S. m.v. Abb., 28x21 cm, geb, 8. Aufl. 2012   38,00 €

Gernot Minke, Benjamin Krick
Handbuch Strohballenbau
Ein Konstruktionshandbuch, das Konzeption, bautechnische Besonderheiten und alle Details beschreibt, um aus Strohballen gut gedämmte, dauerhafte Häuser zu bauen. Mit vielen Beispielen. 2. völlig neu bearb. Aufl. 2009, 142 S. m.v. farb. Abb., 28 x 21 cm geb.   28,90 €

Heidie Howcroft
Gestalten mit Holz im Garten
Bodenbeläge, Holzdecks, Zäune, Rankgerüste, Lauben. Bauanleitungen für Nützliches und Dekoratives aus Schnittholz u. grünem Holz, die zeigen, wie vielfältig sich Holzwerk in den Garten einbinden lässt. 123 S. m.v. Abb., 17 x 24 cm geb. 3. neu gestalt. Aufl. 2012   15,95 €

Frank Späte, Heinz Ladener
Solaranlagen
Grundlagen, Planung, Bau und Selbstbau von Solaranlagen zur Warmwasserbereitung und Raumheizung: Das Handbuch für Planer, Handwerker und Selbstbau-Interessierte. 265 S. m. vielen Abb., 21 x 21 cm, gebunden, 11. erw. Aufl. 2011   29,90 €

Philipp Brückmann
Autonome Stromversorgung
Auslegung, Aufbau und Praxis autonomer Stromversorgungsanlagen mit Batteriespeicher für Beleuchtung und für netzferne Handwerks- u. Landwirtschaftsbetriebe.
3. Aufl. 2012, 110 S. m.v. Abb., 17x24 cm   15,90 €

Claudia Lorenz-Ladener, Hrsg.
Holzbacköfen im Garten
Detaillierte Bauanleitungen vom einfachen Lehmofen bis zum gemauerten Brotbackhäuschen. Mit vielen Erfahrungen und Ratschlägen sowie pfiffigen Tips und Rezepten.
138 S. m.v.Abb., 15. Aufl. 2011　　　　　　　　　　　　　　　　　　　　15,90 €

Karl-Heinz Böse
Regenwasser für Garten und Haus
Ein kompetenter Ratgeber für Planung und Bau von Regenwassersammelanlagen nach dem Stand der Technik: Bemessung, Genehmigung, Speichertanks, Pumpen, Rohrleitungen und Zubehör.
94 S. m. v. Abb., A5, 6. Aufl. 2011　　　　　　　　　　　　　　　　　　　12,95 €

Hans-P. Ebert
Heizen mit Holz
Ein umfassender Ratgeber über Holzeinkauf, Zurichten des Waldholzes, Lagerung und Trocknung, Anforderungen an Feuerstelle und Schornstein, verschiedene Ofentypen u. ihre Einsatzbereiche. 125 S. m.v.Abb., 14. verbess. Aufl. 2011　　　　　　　　　　　　12,95 €

Philipp Brückmann
Autonome Stromversorgung
Auslegung, Aufbau und Praxis autonomer Stromversorgungsanlagen mit Batteriespeicher für Beleuchtung und für netzferne Handwerks- und Landwirtschaftsbetriebe. 3.Aufl. 2012,
110 S. m.v. Abb., 17x24 cm　　　　　　　　　　　　　　　　　　　　　　15,90 €

Martin Werdich, Kuno Kübler
Stirling-Maschinen
Grundlagen u. Technik von Stirling-Maschinen, Überblick über erprobte Motorkonzepte und ihre Vor- und Nachteile. Ausführliches Hersteller- u. Literaturverzeichnis.
190 S. m.v.Abb., A 5, 12. Aufl. 2011　　　　　　　　　　　　　　　　　　15,90 €

Dieter Viebach
Der Stirlingmotor
Einfach erklärt und leicht gebaut. Detaillierte Bauanleitungen für einen funktionstüchtigen Modellmotor, hergestellt aus einer gewöhnlichen Konservendose und einfach nachzubauenden Holzteilen. 136 S. m.v.Abb., 17 x 24 cm, 9.Aufl. 2010　　　　　　　　　　15,90 €

Horst Crome
Handbuch Windenergie-Technik
Einführung in die Prinzipien der Windenergienutzung und Schritt-für-Schritt-Anleitung für den Bau verschiedener solider, leistungsfähiger Windkraftanlagen zur Stromerzeugung (200W - 5 kW, 2 - 7 m ø). 4. Aufl 2012, 208 S. m.vielen z.T. farb. Abb., gebunden　　29,90 €

Heinz Schulz
Der Savonius-Rotor
Anleitung zum Bau von robusten Savonius- und Durchströmrotoren (Leistung bis max. ca. 500 W bei gutem Wind). 76 S. m.v. Abb., A5, 13. Aufl. 2012　　　　　　　　　　8,95 €

Preisstand: 1.11.2012　　　　　　　　　　　　**ökobuch** Verlag GmbH

Unsere Bücher erhalten Sie　　　Postfach 1126 · 79219 Staufen · ✉ 07633-50870
in allen Buchhandlungen!　　　Email: oekobuch@t-online.de · http://www.oekobuch.de